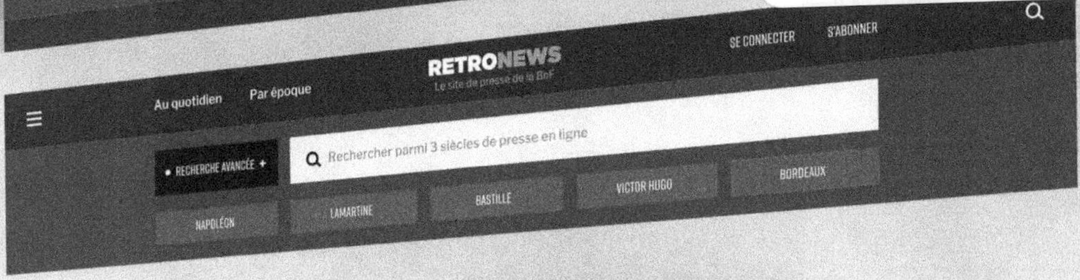

TELEPHONE
LOUVRE 13.65

AU
Toujours du Nouveau
MAISON ROBERT

Grands Magasins
DE NOUVEAUTÉS
SOIERIES
FOURRURES
CONFECTION

TOUJOURS DU NOUVEAU ROBERT TOUJOURS DU NOUVEAU

PELLETERIE
Réparation
Transformation

65.114.
RUE DE RIVOLI
19. Rue Bertin Poirée
26 Rue des Bourdonnais
et 21, Rue Royale
PARIS (1er Art)

MAISON VENDANT LE MEILLEUR MARCHÉ DE TOUT PARIS

Metro: CHATELET

LE GÉNÉRAL GOURAUD

POUR L'EXPANSION
ÉCONOMIQUE FRANÇAISE
DANS LE LEVANT

LE GUIDE Sam

EDITION
1922

L'EXPANSION SCIENTIFIQUE FRANÇAISE
23. Rue du Cherche-Midi. PARIS

GS
GS
1922
FRANCE
GS
POUR L'EXPANSION
ÉCONOMIQUE FRANÇAISE
GUIDE
Sam
EDITION
1922
TOUS DROITS RÉSERVÉS

M. Ovadia

Horlogerie = Bijouterie

Réparation soignée et rapide de toutes pièces

102, rue Lafayette — Tél.: Nord 36-02

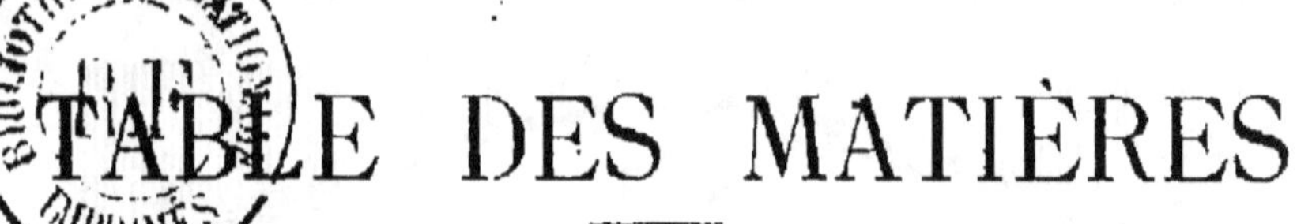

TABLE DES MATIÈRES

LISTE DES ANNONCEURS
PAR ORDRE ALPHABÉTIQUE

A

B

L

M

N

P

S

V

INDEX DES TEXTES

Hors-texte : Portrait du général Gouraud.

La France Économique

La France Intellectuelle

La France Thermale

Les Étrangers en France

Comité National des C. C. E. F.

Naturalisation des Étrangers

Les Mariages en France

Importation de mobiliers

Le Port de Marseille

Marseille - Lyon

Adresses utiles de Marseille

Adresses utiles de Paris

Karaqueuz à Paris

La Syrie

L'Égypte

La France en Grèce

Au Lecteur

L'homme propose et Dieu dispose. Dans la circulaire qui accompagnait l'envoi de l'édition 1921 du « *Guide Sam* » nous promettions de faire paraître cette année un volume de 1.100 pages, sur un format *in-cuarto*. Des raisons multiples nous obligent de réduire nos prétentions à des proportions modestes.

En premier lieu, les mêmes empêchements qui, l'année dernière, nous ont contraint de publier notre manuel sur un format exigu, se dressent encore plus menaçants que jamais. Le prix du papier et celui de la main-d'œuvre demeurent toujours inabordables ; ils aggravent considérablement la crise du livre en général et en particulier celle des ouvrages spéciaux et de propagande.

D'un autre côté, l'horizon politique, en s'assombrissant de façon très inquiétante durant les premiers mois de l'année, a provoqué une tension extrême de la situation économique, enrayant toute expansion et créant une incertitude voisine du désarroi. Le commerce français a dû même déployer des efforts inouïs pour maintenir son prestige et faire honneur à ses traditions de probité et de loyauté.

Dans les conditions qui précèdent il ne nous était pas possible, ni même permis de songer à voir trop grand. Néanmoins, si le format de la présente édition et le nombre des pages ne sont pas ce que nous eussions voulu qu'ils fussent, toutes les autres parties du programme ont été scrupuleusement respectées.

Pour commencer, nous avons entrepris un long voyage dans le but de nous documenter sur place et de voir personnellement où en sont les pays d'Orient dont les intellectuels ont toujours eu les regards tournés vers la France créatrice. Par suite des événements, nous n'avons pu visiter que Salonique,. Constantinople et Sofia. Dans ces villes, et dans des conférences que les agents consulaires français nous firent l'honneur de présider, nous avons été heureux de dire que la France laborieuse, la France productrice sont dignes de retenir l'attention de tout l'univers, à l'égal de la France des littérateurs, des poètes, des philosophes et de toutes les illustrations des arts et des sciences.

Cette année, nous nous promettons de visiter l'Egypte, la Palestine, la Syrie, la Turquie, la Grèce, etc., et de joindre, comme en 1921, la propagande parlée, par voie de conférences publiques, a la propagande écrite que nous nous flattons de poursuivre par ce « *Guide* ».

Dans chacune des parties de la présente édition, qui est divisée par pays, le lecteur trouvera des notes économiques, des renseignements utiles et la liste des membres des diverses Chambres de Commerce qui fonctionnent dans les pays du Levant et qui constituent l'âme des affaires.

Nous nous sommes abstenu à dessein d'accompagner nos informations de chiffres et de données statistiques et voici pourquoi : La guerre qui a refait la carte géographique de tout l'Orient, a bouleversé les divers groupements éthniques, modifiant profondément leurs besoins les plus essentiels. Des tableaux statistiques n'eussent pas seulement constitué un luxe inutile, mais ils seraient susceptibles de dérouter les producteurs et les acheteurs, leur faisant faire des erreurs d'appréciation très préjudiciables. Dans les éditions ultérieures, au fur et à mesure que l'utilité du *Guide Sam* sera établie, nous nous efforcerons de faire œuvre de plus en plus parfaite.

Que tous nos collaborateurs de France ainsi que nos amis de Salonique, Constantinople, Sofia, etc., reçoivent, au seuil de ce livre, nos remerciements les plus sincères.

L'AUTEUR.

NOTRE PROGRAMME

Ceux qui ont eu entre les mains la première édition du *Guide Sam* publiée l'année dernière et complètement épuisée aujourd'hui, se rendront aisément compte du chemin parcouru depuis et de la somme de travail que représente l'édition de cette année. Mais nos efforts ne s'arrèteront pas là, car notre ambition est plus vaste. Notre programme d'action, que nous développerons et porterons à la connaissance du public en temps opportun, ne comporte pas seulement la publication du «*Guide*». Si Dieu nous prête vie, nous projetons d'installer, à l'usage des commerçants orientaux, une agence de renseignements dont les services seront entièrement gratuits; nous organiserons, en France et en Orient, des voyages collectifs d'études économiques; nous éditerons des publications périodiques et, pour compléter le resserrement des relations franco-orientales, nous rêvons de créer, dans ce beau pays de France, au sein de ce lumineux centre du monde qu'est la grande ville de Paris, un « home » ou tous ceux, Français et du Levant, qui participent, a un titre quelconque, à l'œuvre d'expansion économique de la France en Orient trouveront les moyens d'exercer leur activité.

Le « Guide Sam » 1922

Il est réparti par pays. Chaque section comporte une table des matières spéciale donnant toutes les indications utiles pour guider les recherches. Les divisions sont en outre paginées séparément ce qui évite les complications et les confusions, le même ordre de renseignements se retrouvant dans presque chaque pays. Sur l'ensemble des 592 pages, 256 sont réservées à la France, 130 à la Grèce, 126 à la Turquie, 64 à la Bulgarie et le reste à des études sur l'Egypte, la Palestine, la Syrie et la Cilicie. Si le système que nous avons employé et dans lequel nous n'avons épargné ni la peine ni le temps, ne donne pas pleine satisfaction aux lecteurs, nous n'hésiterons pas, pour les éditions ultérieures, à adopter tel procédé plus adéquat de répartition et de pagination qui pourra nous être suggéré.

Le « Guide Sam » 1923

Au cours de notre prochain voyage annuel dans le Levant, nous nous proposons de faire dans chaque pays, une enquête directe sur le passé, le présent et l'avenir de la langue, de la pensée et de la situation économique françaises en Egypte, en Perse, en Palestine, en Grèce, en Syrie, en Cilicie, en Turquie, en Bulgarie et en Albanie. Cette enquête sera publiée dans le *Guide Sam* 1923.

D'ores et déjà, nous prions tous nos lecteurs, y compris ceux de France, de nous communiquer leur opinion motivée sur les points suivants :

1° La langue, l'influence et le mouvement commercial français sont-ils en progrès ou en décroissance dans le Levant ?

2° Dans quelles régions se constatent ce progrès ou cette décroissance et à quoi peuvent en être attribuées les causes ?

3° S'il y a décroissance, quels seraient les moyens de la combattre pour assurer l'expansion intellectuelle, morale et économique de la France qui a été toujours la protectrice des idées de progrès et de civilisation dans tous les pays et plus particulièrement en Orient.

Les lecteurs peuvent nous écrire très librement, en n'importe quelle langue. Nous publierons les réponses avec ou sans nom d'auteurs, suivant le désir qui sera exprimé par ces derniers. La discrétion la plus absolue sera observée à l'égard de ceux qui veulent garder l'anonymat, mais toutes les communications doivent être signées comme garantie d'authenticité. La seule prière que nous adressons à tous nos correspondants est celle de ne pas s'écarter de la question. Prière aussi de mettre en tête des envois la mention : « enquête ».

Le « Guide Sam » 1924

Dans l'édition 1921 nous publierons un historique précis des institutions françaises existant dans les diverses villes des pays du Levant, avec les noms, adresses et professions de tous les Français qui y résident. Parallèlement, un historique analogue sera fait de toutes les colonies orientales vivant en France, c'est-à-dire, des Albanais, Arabes, Arméniens, Bulgares, Egyptiens, Hellènes, Ottomans, Palestiniens et Persans, sans distinction de religion. Toutes les confessions sont pour nous également respectables, mais elles n'ont absolument rien à voir avec notre œuvre qui est essentiellement et exclusivement d'ordre économique. Il nous semble même opportun de faire cette déclaration et d'y insister, pour éviter toute interprétation équivoque ou désobligeante. De même que pour les Français établis dans le Levant, nous publierons les noms, adresses et professions de tous les orientaux installés en France.

La Publicité dans le « Guide Sam »

A notre plus vif regret, il ne nous a pas été possible de satisfaire tous les commerçants, industriels et maisons de banque qui entretiennent déjà ou veulent nouer des relations d'affaires avec l'Orient et qui ont manifesté le désir de nous confier leur publicité. Nous avions pris, vis-à-vis des personnalités qui s'intéressent à notre œuvre, l'engagement formel de ne publier qu'un nombre limité de pages d'annonces. Ce nombre s'étant trouvé rempli, nous n'avons pu acepter de nouvelles offres. L'édition 1923 devant contenir plus de textes que la présente, les pages de publicité seront augmentées en proportion. Néanmoins, nous prions ceux de nos lecteurs qui veulent nous confier leur publicité pour 1923 et 1924, de s'y prendre à temps. Il leur suffit pour cela de nous envoyer, très lisiblement écrit, le texte qu'ils veulent faire paraître et de nous préciser la place que nous devons leur réserver.

Les tarifs de publicité pour 1923 et 1924 que nous publions ci-après, restent les mêmes que ceux de 1922 :

1 page .... frs **300.** » ½ page....... frs **162.50**
¼ de page .... frs **87.50** une inscription (1/8) **50.** »

L'exemplaire du «*Guide* » : francs 20.

Le Général Gouraud

Un officier supérieur nous fait l'honneur de nous donner la sobre et émouvante biographie suivante du Général Gouraud, l'illustre organisateur de la Syrie, dont la photographie orne la première page de ce « Guide ».

Le Général Gouraud, Haut Commissaire de la République Française en Syrie et au Liban, est un des héros de notre épopée africaine.

Bien avant la guerre, grâce à ses faits d'armes dans l'Afrique centrale et à la part importante qu'il a prise à la conquête et à la pacification de la Mauritanie et du Maroc, il était déjà le plus populaire de nos généraux.

« Une belle taille, très droite, une belle figure, très caractéristique, à la fois pleine d'énergie et de douceur, éclairée par des yeux bleux et encadrée d'une barbe abondante, voilà, dit le général Malterre, comment il m'apparaît au physique. Au moral, un homme d'action qui sait penser et qui sait aussi, ayant réfléchi, prendre des décisions rapides ».

Henri Gouraud naquit à Paris en 1868. Son père était le Docteur Gouraud, médecin de l'hôpital de la Charité, qui laissa le souvenir d'un savant et d'un homme de bien. Il eut trois frères : l'un entra dans les ordres et mourut comme Vicaire de St-Pierre du Gros Caillou ; le 3-ème, le docteur Xavier, était Chef de Service à l'Hôtel Dieu.

Henri Gouraud, après de fortes études à Stanislas, entra à l'Ecole militaire de St-Cyr et en sortit, à 22 ans, comme sous-lieutenant au 21-ème bataillon de chasseurs à pied, à Montbéliard.

Quatre ans après, il part, comme capitaine pour le Soudan, en mission hors cadres, et dès lors, commence sa carrière coloniale, exceptionnellement brillante. Il prend part à la lutte contre Samory que nos colonnes rejettent sur la haute Côte d'Ivoire. Il est deux fois blessé, d'une balle et d'une flèche, à l'assaut de Bangassi ; il reçoit une autre flèche deux mois après et conduit ses tirailleurs à l'attaque de Kourma. Commandant une colonne légère, à la suite d'un raid magnifique il capture Samory et le prend de ses propres mains.

Il rentre en France, décoré, passe au 8-ème bataillon de chasseurs, est nommé Commandant à 32 ans, permute avec un colonial et passe dans l'infanterie de marine.

De 1900 à 1903, il commande un bataillon chargé d'établir une communication entre le Niger et le Tchad ; il conquiert le Kanem comme Commandant en Chef et ouvre une route vers le Ouadaï et le Borkou.

A 40 ans, il est colonel et Officier de la Légion d'Honneur. Il pacifie la Mauritanie et, dans cette œuvre, il révèle déjà, à côté de ses qualités exceptionnelles de soldat, celles d'un grand organisateur. Impitoyable à l'égard des rebelles, il ne cesse d'appliquer la théorie des grands coloniaux de l'école des Galliéni et des Lyautey, alliant la fermeté à la justice, s'efforçant de comprendre la mentalité de l'indigène, faisant marcher de front la conquête du pays, son organisation administrative et son développement économique.

De la Mauritanie, il passe au Maroc, où il seconde habilement le Général Lyautey qui, devenu ministre de la Guerre, le choisit comme Résident Général.

Mais un tel soldat ne pouvait rester loin de la grande guerre et du front où se décidait le sort de la France et de la Civilisation.

Après la première bataille de la Marne, il commande en Argonne la 10-ème division ; il est blessé au combat de Bois Boulant et refuse de quitter son poste.

Il reçoit ensuite le commandement du Corps Colonial, et, en 1915, il est placé à la tête du Corps expéditionnaire français aux Dardannelles. Sur cette étroite presqu'île de Galipoli, près du fort démoli de Sedul Bahr, il est grièvement atteint par l'explosion d'un obus qui le projette en l'air et lui fait une telle blessure que l'amputation du bras droit devient nécessaire. Glorieux mutilé, il garde, en outre de ses blessures de Sedul-Bahr, une grande difficulté de marcher, consécutive à une fracture du bassin.

Après quelques mois d'hôpital, n'ayant rien perdu de son indomptable énergie, malgré des épreuves qui auraient abattu tout autre que lui, le Général Gouraud reprend du service et exerce le Commandement de la 4-ème armée. Et c'est cette quatrième armée, électrisée par son chef, qui, le 15 juillet 1918, en Champagne, repousse la cinquième et la plus violente offensive allemande et donne le signal de la Victoire définitive.

A tous ses titres à l'affection et à la reconnaissance de la patrie, le Général Gouraud venait d'ajouter celui de « Vainqueur de Champagne ».

L'armistice du 11 novembre ne met pas fin à cette glorieuse carrière. L'œuvre de guerre est achevée mais l'œuvre de paix commence et, lorsqu'il s'agit de donner un Haut Commissaire à notre Alsace enfin retrouvée, c'est à Gouraud que le Gouvernement de la République fait appel.

Un an plus tard, en Septembre 1919, un protocole franco-anglais est signé à Londres aux termes duquel les troupes françaises doivent « relever » les troupes britanniques en Syrie et en Cilicie. La mission à accomplir par le représentant de la France est particulièrement difficile et délicate dans le Levant où tous les problemes d'ordre politique, d'ordre militaire et d'organisation civile se posent a la fois.

Pour la remplir, c'est encore sur le général Gouraud que se porte le choix du Gouvernement. Gouraud abandonne à regret sa chère Alsace qui s'était déjà donnée à lui de tout cœur et est nommé Haut Commissaire de la République Française en Syrie et Cilicie. Il quitte Paris pour le Levant au début de novembre 1919.

« En envoyant dans le Levant un des plus grand soldats de la Victoire, a dit à ce moment le Ministre des Affaires Etrangères, Monsieur Pichon, le Gouvernement français a voulu montrer aux syriens tout l'intérêt qu'il leur porte. Nul n'est plus qulifié que le Général Gouraud pour assurer aux populations ce qu'elles doivent attendre de nous : l'ordre, l'administration et la justice ».

L'ordre, l'administration, la justice et le développement économique du pays, telle est en effet l'œuvre que le Général Gouraud, Haut Commissaire poursuit en Syrie et au Liban depuis 2 ans, en collaboration avec la partie éclairée de la population qui a si ardemment appelé la France et qui a si cordialement accueilli le « Vainqueur de Champagne » en qui elle a mis toute sa confiance.

***

Le Pavillon des Intérêts Français dans le Levant

à l'Exposition Coloniale de Marseille 1922

Marseille étant la porte de l'Orient, il eut été regrettable qu'à la grande manifestation de 1922 les intérêts français dans le Levant ne fussent pas représentés.

Aussi, la Chambre de Commerce de Marseille, reprenant les anciennes traditions de son Histoire, a décidé de représenter à l'Exposition coloniale de Marseille les Intérêts Français dans le Levant. Elle s'est mise d'accord, à ce sujet, avec le Général Gouraud, Haut Commissaire de la République Française en Syrie et au Liban, qui a donné sa participation au projet.

Le Pavillon des Intér. Français dans le Levant comprendra :

1° Une salle consacrée aux Intérêts Français en Turquie, Turquie d'Asie, Palestine et Egypte. Cette salle sera organisée par la Chambre de Commerce de Marseille ;

2° Trois salles consacrées à la Syrie et au Liban. Cette Exposition sera organisée par le Haut Commissariat de la République Française en Syrie et au Liban.

La Syrie et le Liban sont encore très peu connus en France : bien des légendes ont été répandues, à leur sujet, dans le public. Le Haut Commissariat présentera sous une forme à la fois documentaire et vivante la situation générale de ce pays à mandat, et particulièrement sa situation économique, son avenir touristique, ses richesses archéologiques, etc...

Monsieur Henri Brenier, Directeur Général des Services de la Chambre de Commerce de Marseille a été désigné comme Commissaire du Pavillon des Intérêts Français dans le Levant. Il aura pour adjoints Messieurs le Capitaine Belandou, attaché à la Délégation du Haut Commissariat à Paris, et Richard, Délégué du Haut Commissariat à Marseille, qui s'occuperont spécialement de la présentation de la Syrie et du Liban, sous la direction de Monsieur Auguste Terrier, Délégué du Haut Commissariat à Paris.

« L'Expansion Scientifique Française »

23, rue du Cherche-Midi — PARIS

CONSEIL D'ADMINISTRATION

F. JAYLE, O. ✠ . Ancien Chef de Clinique à la Faculté de Médecine, *Président* ;

L. CHEVRIER, Chirurgien des Hôpitaux de Paris ;

V. GARDETTE, ✠ , Directeur de la *Presse thermale et climatique;*

L.-M. PIERRA, ✠, Directeur de la *Revue Française de Gynécologie, Administrateur-délégué.*

Fondée en octobre 1920 par un groupe d'écrivains et journalistes scientifiques, médecins, pharmaciens, ingénieurs, architectes, etc., l'*Expansion Scientifique Française* se propose comme but de favoriser le développement des publications scientifiques françaises et, en particulier, leur diffusion a l'étranger.

Elle se charge de tous travaux typographiques, et en surveille l'exécution. Elle a à sa disposition des dessinateurs et des experts. Elle vérifie toute facture. Elle assure la gestion des publications périodiques, centralise leurs services d'abonnement et de publicité, tient à jour leur comptabilité, etc...

Elle permet en somme aux écrivains indépendants de tout lien avec aucune maison d'édition de publier eux-mêmes leurs travaux et leurs ouvrages dans des conditions exceptionnellement avantageuses.

L'EXPANSION SCIENTIFIQUE FRANÇAISE publie un certain nombre de revues scientifiques et médicales et a fait paraître, en 1921, une série d'ouvrages spéciaux du plus haut intérêt.

Elle fera paraître à partir de janvier 1922 un bulletin mensuel indiquant ses dernières publications et qui sera adressé régulièrement à toute personne qui en fera la demande.

Les écricains scientifiques de langue française, de tous pays, sont invités à ne rien publier sans avoir demandé à l'*EXPANSION SCIENTIFIQUE FRANÇAISE* les renseignements qui leur seront toujours fournis à titre gracieux.

On est prié d'adresser toute la correspondance sous une forme anonyme à M. l'Administrateur-Délégué de l'*EXPANSION SCIENTIFIQUE FRANÇAISE*, 23, Rue du Cherche-Midi, PARIS (6ᵉ).

Concordance des Calendriers pendant l'année 1922

Un ouvrage comme le Guide Sam, *destiné, d'une part aux Français qui ont déjà ou veulent nouer des relations d'affaires avec le proche-Orient, et d'autre part aux orientaux qui entretiennent des rapports commerciaux avec les français, se devait de publier les calendriers en usage aussi bien en France que dans les pays du Levant. Au cours de notre voyage à Salonique vous nous sommes adressé à l'éminent chronologiste oriental, le Révérend Saül Amariglio. Celui-ci a bien voulu nous fournir toutes les données relatives aux divers calendriers : grégorien, julien, musulman et israélite. On trouvera plus loin des tableaux synoptiques indiquant la concordance des dates. Nous donnons ci-après quelques renseignements qui permettront aux lecteurs de se reconnaître dans le labyrinthe des almanachs :.*

Calendrier grégorien

L'année julienne dont les romains faisaient usage excédait l'année solaire de 11 minutes et 10 secondes, ce qui faisait une différence de un jour en 130 ans environ. En 1582, le pape Grégoire XIII fit étudier la question par les astronomes de son temps. Ces derniers établirent les lois astronomiques servant de base au calendrier qui régit la répartition du temps et qui porte le nom de calendrier grégorien. C'est celui qui est en usage en France où l'année commence le premier janvier.

Les fêtes légales en France sont les suivantes :

Le premier janvier, le lundi de Pâques, l'Ascension, le lundi de Pentecôte, le 14 juillet (fête nationale), l'Assomption, la Toussaint et la Noël.

Calendrier julien

La réforme grégorienne du calendrier ne fut pas adoptée par l'universalité des chrétiens. Les peuples dits orthodoxes (slaves, grecs, roumains, etc.) s'en tinrent, ils s'en tiennent encore, au calendrier romain que Jules César avait fait amender et qui portait le nom de calendrier julien.

A l'époque du pape Grégoire XIII, le calendrier julien était en retard de 10 jours. Il l'est actuellement de 13 jours et 4 heures, continuant à rester tous les ans en arrière de 11 minutes et 10 secondes. Les bulgares qui sont aussi des slaves, se servaient, comme tous les orthodoxes, du calendrier julien. En 1915, un décret gouvernemental fit adopter le calendrier grégorien. Le lendemain du 15 février inscrivit la date du... premier mars et la réforme continue sans tambour ni trompette.

On a l'habitude de désigner les dates juliennes en les faisant suivre des mots : Vieux style (v. s.) pour les distinguer des dates grégoriennes qui sont dénommées : Nouveau style (n. s.).

Calendrier arabe

On l'appelle aussi : calendrier musulman, ou de l'Hégyre, car Mahomet respecta la manière des arabes de compter le temps qui est réglé sur l'observation de la lune. L'année lunaire, composée de 12 mois de 29 ou 30 jours chacun, n'a que 354 ou 355 jours, ce qui fait qu'elle est courte de 11 jours environ. Tous les 33 ans, la chronologie lunaire avance d'une année sur la chronologie solaire.

La façon de tenir compte du temps est purement religieuse chez les musulmans qui font aussi usage, depuis le sixième siècle, de l'année civile — solaire, ou année commerciale, dans leurs relations avec les autres nations et dans les affaires. En Turquie, l'année civile commençait le 14 mars. Les mois se dénomment : *Mart* (mars), *Nissan* (avril), *Maïs* (mai), *Haziran* (juin), *Temmouz* (juillet), *Agoustos* (août), *Elloul* (septembre), *Techrin-i-Ewel* (octobre), *Techrin-i-Sani* (novembre), *Kianoun-i-Ewel* (décembre), *Kianoun-i-Sani* (janvier), *Choubatt* (février).

En 1917, un iradé impérial transforma l'année civile de julienne en grégorienne. Le 16 Choubatt (février) 1332 fut proclamé 1 Mart (mars) 1333. En d'autres temps, cette petite opération administrative et économique eût provoqué une révolution. Mais, en 1917 on était en guerre et l'occidentalisation de l'année commerciale ottomane se fit avec un simple rescrit.

Voici les noms des mois de l'Hégyre avec les dates grégoriennes correspondantes pour l'année 1922.

DJEMAZI-UL-EVVEL (30 jours) du 31 décembre 1921 au 29 janvier 1922 ;

DJEMAZI-UL-AHIR (29 jours) du 30 janvier au 27 février ;
REDJEB (30 jours) du 28 février au 29 mars ;
CHABAN (29 jours) du 30 mars au 27 avril ;
REMEZAN (30 jours) du 28 avril au 27 mai ;
CHEV-VAL (29 jours) du 28 mai au 25 juin ;
ZILCADÉ (30 jours), du 26 juin au 25 juillet ;
ZILHIDJÉ (29 jours) du 26 juillet au 23 août ;

MOUHARREM (30 jours) — Année 1341 — du 24 août au 22 septembre ;

SEFER (29 jours), du 23 septembre au 21 octobre ;

REBI-UL-EVVEL (30 jours) du 22 octobre au 20 novembre;

REBI-UL-AHIR (29 jours) du 21 novembre au 19 décembre;

DJEMAZI-UL-EVVEL (30 jours) du 21 décembre 1922.

On remarquera que les mois arabes ont alternativement 29 et 30 jours. Le cycle des douze mois s'opère cette année du 31 décembre 1921 au 19 décembre 1922, soit avec une différence de 11 jours sur l'année grégorienne. L'année arabe commence avec le mois de Muharrem.

Les fêtes musulmanes pour 1922 sont les suivantes :

9 Djemazi-ul-ev-vel (8 janvier), Naissance d'Ali, fête persane ;

2 Redjeb (1 mars), 1er jour de l'année financière ottomane 1338 ;

6 Redjeb (5 mars), *Leïlé-i-ul-Regaïb*, Conception du prophète ;

22 Redjeb (21 mars), *Veladet-i-Houmaïoun*, Anniversaire de naissance de S. M. I. le Sultan Mehmet Han VI (22 Redjeb 1277, 12 janvier 1861) ;

29 Chaban (27 avril), *Arifé*, veille du Rémézan et le lendemain, 1er Remezan.

9 Rémézan (6 mai), *Hidir-Ellès*, fête du renouveau

15 Rémézan (12 mai), *Hirkaï-Chérif* Solennité de la visite au manteau sacré du prophète.

30 Rémézan (27 mai), *Arifé*, fin du jeûne de Rémézan et veille de *Cheker Baïram*, et le lendemain, jour de *Baïram*.

9 Zilcadé (4 juillet), *Djelouss-i-Houmayoun*, anniversaire de l'avènement au trône de S. M. I. le sultan.

28 Zilcadé (23 juillet), *Ilan-i-Mechroutiett*, fête nationale anniversaire de la proclamation de la Constitution (1908).

9 Zilhidjé (3 août), *Arifé*, veille de *Courban Baïram*, et le lendemain, jour de *Baïram*.

1 Mouharrem (24 août), *Yl Bachi*, 1er jour de l'an musulman.

3 Mouharrem (26 août), 632e anniversaire de la fondation de l'Empire Ottoman.

12 Rebi-ul-Ev-vel (2 novembre), *Mevloud*, naissance du prophète.

9 Djemazi-ul-Ev-vel (28 décembre), Naissance d'Ali (fête persane).

Calendrier israélite

Le calendrier israélite est vieux comme la terre puisque l'ère juive est censée dater de la création du monde. De tous les calendriers, c'est celui qui n'a pas varié depuis la plus haute antiquité. Les noms des mois, les distributions des périodes sont de nos jours tels qu'ils étaient avant la captivité de Babylone.

L'Année israélite est lunaire, comme l'année arabe, mais pour ne pas se trouver dans le cas de voir, tous les trente trois ans, le jour de l'an achever de faire le tour des quatre saisons, les israélites ont, tous les trois ans, un mois intercalaire, ce qui concilie aussi les calculs lunaires et solaires.

Les noms des mois israélites avec les dates correspondantes, pour l'année 1922, sont les suivants :

TEVET 5682 (29 jours), du 1er au 29 janvier 1922 ;
CHEVAT (30 jours), du 30 janvier au 28 février ;
ADAR (29 jours), du 1er au 29 mars ;
NISSAN (30 jours), du 30 mars au 28 avril ;
I-YAR (29 jours), du 29 avril au 27 mai ;
SIVAN (30 jours), du 28 mai au 26 juin ;
TAMOUZ (29) jours), du 27 juin au 25 juillet ;
AV (30 jours), du 26 juillet au 24 août ;
ILLOUL (29 jours), du 25 août au 22 septembre ;
TICHRI 5683 (30 jours), du 23 septembre au 22 octobre ;
HECHEVAN (29 jours), du 23 octobre au 20 novembre ;
KISLEV (29 jours), du 21 novembre au 19 décembre ;
TEVET (29 jours), du 20 décembre 1922 au 17 janvier 1923

L'année israélite commence avec le mois de Tichri. Autrefois elle commençait au mois de Nissan en commémoration de la sortie d'Egypte qui avait eu lieu en ce mois. Le retour à la Terre Sainte amènera-t-il une modification du calendrier juif ? Cela semble improbable, pour le moment du moins et pour éviter toute friction entre orthodoxes et libéraux. Le mois intercalaire se nomme : Véadar et suit, tous les trois ans, le mois de Adar.

Les fêtes et commémorations israélites pendant l'année 1922 sont les suivantes :

Assara Betevet (10 Tevet), le 10 janvier 1922 ;
Tubichevat (15 Chevat), 13 février ;
Pourim (14 Adar), 14 mars ;
Pessah, (15 Nissan), 13 avril ;
Pessah cheni (14 I-Yar), 12 mai ;
Chavouot (6 Sivan), 2 juin ;
Taanit (17 Tamouz), 13 juillet ;
Tija-Béav (9 Av), 3 août ;
Roche-Achana (1 Tichri), Nouvelle Année 5683, 23 septembre ;
Yom-Kippour (10 Tichri), jour de grand pardon, 2 octobre ;
Soucott (15 Tichri), 7 octobre ;
Hanouca (25 Kislev), 15 décembre ;
Assara Betevet (10 Tevet), 29 décembre.

Calendrier Synoptique

Grègorien, Julien, Musulman, Israélite.

JANVIER					FÉVRIER					MARS				
Jours	N.S.	V.S.	Mus.	Isr.	Jours	N.S.	V.S.	Mus.	Isr.	Jours	N.S.	V.S.	Mus.	Isr.
D	1	19	2	1[3])	M	1	19	3	3	M	1	16	2	1[3])
L	2	20	3	2	J	2	20	4	4	J	2	17	3	2
M	3	21	4	3	V	3	21	5	5	V	3	18	4	3
M	4	22	5	5	S	4	22	6	6	S	4	19	5	4
J	5	23	6	5	D	5	23	7	7	D	5	20	6	5
V	6	24	7	6	L	6	24	8	8	L	6	21	7	6
S	7	25	8	7	M	7	25	9	9	M	7	22	8	7
D	8	26	9	8	M	8	26	10	10	M	8	23	9	8
L	9	27	10	9	J	9	27	11	11	J	9	24	10	9
M	10	28	11	10	V	10	28	12	12	V	10	25	11	10
M	11	29	12	11	S	11	29	13	13	S	11	26	12	11
J	12	30	13	12	D	12	30	14	14	D	12	27	13	12
V	13	31	14	13	L	13	31	15	15	L	13	28	14	13
S	14	1[1])	15	14	M	14	1[1])	16	16	M	14	1[1])	15	14
D	15	2	16	15	M	15	2	17	17	M	15	2	16	15
L	16	3	17	16	J	16	3	18	18	J	16	3	17	16
M	17	4	18	17	V	17	4	19	19	V	17	4	18	17
M	18	5	19	18	S	18	5	20	20	S	18	5	19	18
J	19	6	20	19	D	19	6	21	21	D	19	6	20	19
V	20	7	21	20	L	20	7	22	22	L	20	7	21	20
S	21	8	22	21	M	21	8	23	23	M	21	8	22	21
D	22	9	23	22	M	22	9	24	24	M	22	9	23	22
L	23	10	24	23	J	23	10	25	25	J	23	10	24	23
M	24	11	25	24	V	24	11	26	26	V	24	11	25	24
M	25	12	26	25	S	25	12	27	27	S	25	12	26	25
J	26	13	27	26	D	26	13	28	28	D	26	13	27	26
V	27	14	28	27	L	27	14	29	29	L	27	14	28	27
S	28	15	29	28	M	28	15	1[2])	30	M	28	15	29	28
D	29	16	30	29						M	29	16	30	29
L	30	17	1[2])	1[4])						J	30	17	1[2])	1[4])
M	31	18	2	2						V	31	18	2	2

1) Janv. v.s.
2) Djemazi-Ul-Ahir
3) Tevet
4) Chevat

1) Février v.s
2) Redjeb

1) Mars v.s.
2) Chaban
3) Adar
4) Nissan

Calendrier Synoptique

Grégorien, Julien, Musulman, Israélite.

AVRIL					MAI					JUIN				
Jours	N.S.	V.S.	Mus.	Isr.	Jours	N.S.	V.S.	Mus.	Isr.	Jours	N.S.	V.S.	Mus.	Isr.
S	1	19	3	3	L	1	18	4	3	J	1	19	5	5
D	2	20	4	4	M	2	19	5	4	V	2	20	6	6
L	3	21	5	5	M	3	20	6	5	S	3	21	7	7
M	4	22	6	6	J	4	21	7	6	**D**	4	22	8	8
M	5	23	7	7	V	5	22	8	7	L	5	23	9	9
J	6	24	8	8	S	6	23	9	8	M	6	24	10	10
V	7	25	9	9	**D**	7	24	10	9	M	7	25	11	11
S	8	26	10	10	L	8	25	11	10	J	8	26	12	12
D	9	27	11	11	M	9	26	12	11	V	9	27	13	13
L	10	28	12	12	M	10	27	13	12	S	10	28	14	14
M	11	29	13	13	J	11	28	14	13	**D**	11	29	15	15
M	12	30	14	14	V	12	29	15	14	L	12	30	16	16
J	13	31	15	15	S	13	80	16	15	M	13	31	17	17
V	14	1[1])	16	16	**D**	14	1[1])	17	16	M	14	1[1])	18	18
S	15	2	17	17	L	15	2	18	17	J	15	2	19	19
D	16	3	18	18	M	16	3	19	18	V	16	3	20	20
L	17	4	19	19	M	17	4	20	19	S	17	4	21	21
M	18	5	20	20	J	18	5	21	20	**D**	18	5	22	22
M	19	6	21	21	V	19	6	22	21	L	19	6	23	23
J	20	7	22	22	S	20	7	23	22	M	20	7	24	24
V	21	8	23	23	**D**	21	8	24	23	M	21	8	25	25
S	22	9	24	24	L	22	9	25	24	J	22	9	26	26
D	23	10	25	25	M	23	10	26	25	V	23	10	27	27
L	24	11	26	26	M	24	11	27	26	S	24	11	28	28
M	25	12	27	27	J	25	12	28	27	**D**	25	12	29	29
M	26	13	28	28	V	26	13	29	28	L	26	13	1[2])	30
J	27	14	29	29	S	27	14	30	29	M	27	14	2	1[3])
V	28	15	1[2])	30	**D**	28	15	1[2])	1[3])	M	28	15	3	2
S	29	16	2	1[3])	L	29	16	2	2	J	29	16	4	3
D	30	17	3	2	M	30	17	3	3	V	30	17	5	4
					M	31	18	4	4					

Avril	Mai	Juin
1) Avril v.s.	1) Mai v.s.	1) Juin v.s.
2) Rémézan	2) Chev-val	2) Zilcadé
3) I-yar	3) Sivan	3) Tamouz

Calendrier Synoptique

Grégorien, julien, Musulman, israélite.

JUILLET					AOUT					SEPTEMBRE				
Jours	N.S.	V.S.	Mus.	Isr.	Jours	N.S.	V.S.	Mus.	Isr.	Jours	N.S.	V.S.	Mus.	Isr.
S	1	18	6	5	M	1	19	7	7	V	1	19	9	8
D	2	19	7	6	M	2	20	8	8	S	2	20	10	9
L	3	20	8	7	J	3	21	9	9	D	3	21	11	10
M	4	21	9	8	V	4	22	10	10	L	4	22	12	11
M	5	22	10	9	S	5	23	11	11	M	5	23	13	12
J	6	23	11	10	D	6	24	12	12	M	6	24	14	13
V	7	24	12	11	L	7	25	13	13	J	7	25	15	14
S	8	25	13	12	M	8	26	14	14	V	8	26	18	15
D	9	26	14	13	M	9	27	15	15	S	9	27	17	16
L	10	27	15	14	J	10	28	16	16	D	10	28	18	17
M	11	28	16	15	V	11	29	17	17	L	11	29	19	18
M	12	29	17	16	S	12	30	18	18	M	12	30	20	19
J	13	30	18	17	D	13	31	19	19	M	13	31	21	20
V	14	1[1])	19	18	L	14	1[1])	20	20	J	14	1[1])	22	21
S	15	2	20	19	M	15	2	21	21	V	15	2	22	22
D	16	3	21	20	M	16	3	22	22	S	16	3	24	23
L	17	4	22	21	J	17	4	23	23	D	17	4	25	24
M	18	5	23	22	V	18	5	24	24	L	18	5	26	25
M	19	6	24	23	S	19	6	25	25	M	19	6	27	26
J	20	7	25	24	D	20	7	26	26	M	20	7	28	27
V	21	8	26	25	L	21	8	27	27	J	21	8	29	28
S	22	9	27	26	M	22	9	28	28	V	22	9	30	29
D	23	10	28	27	M	23	10	29	29	S	23	10	1[2])	1[3])
L	24	11	29	28	J	24	11	1[2])	30	D	24	11	2	2
M	25	12	30	29	V	25	12	2	1[3])	L	25	12	3	3
M	26	13	1[2])	1[3])	S	26	13	3	2	M	26	13	4	4
J	27	14	2	2	D	27	14	4	3	M	27	14	5	5
V	28	15	3	3	L	28	15	5	4	J	28	15	6	6
S	29	16	4	4	M	29	16	6	5	V	29	16	7	7
D	30	17	5	5	M	30	17	7	6	S	30	17	8	8
L	31	18	6	6	J	31	18	8	7					

[1]) Juillet v.s.	[1]) Août v.s.	[1]) Septembre v.s.
[2]) Zilhidjé	[2]) Mouharem 1341	[2]) Sepher
[3]) Av.	[3]) Elloul	[3]) Techri 5683

Calendrier Synoptique

Grégorien, julien, Musulman, israélite.

OCTOBRE					NOVEMBRE					DÉCEMBRE				
Jours	N.S.	V.S.	Mus.	Isr.	Jours	N.S.	V.S.	Mus.	Isr.	Jours	N.S.	V.S.	Mus.	Isr.
D	1	18	9	9	M	1	19	11	10	V	1	18	11	11
L	2	19	10	10	J	2	20	12	11	S	2	19	12	12
M	3	20	11	11	V	3	21	13	12	***D***	3	20	13	13
M	4	21	12	12	S	4	22	14	13	L	4	21	14	14
J	5	22	13	13	***D***	5	23	15	14	M	5	22	15	15
V	6	23	14	14	L	6	24	16	15	M	6	23	16	16
S	7	24	15	15	M	7	25	17	16	J	7	24	17	17
D	8	25	16	16	M	8	26	18	17	V	8	25	18	18
L	9	26	17	17	J	9	27	19	18	S	9	26	19	19
M	10	27	18	18	V	10	28	20	19	***D***	10	27	20	20
M	11	28	19	19	S	11	29	21	20	L	11	28	21	21
J	12	29	20	20	***D***	12	30	22	21	M	12	29	22	22
V	13	30	21	21	L	13	31	23	22	M	13	30	23	23
S	14	1[1])	22	22	M	14	1[1])	24	23	J	14	1[1])	24	24
D	15	2	23	23	M	15	2	25	24	V	15	2	25	25
L	16	3	24	24	J	16	3	26	25	S	16	3	26	26
M	17	4	25	25	V	17	4	27	26	***D***	17	4	27	27
M	18	5	26	26	S	18	5	28	27	L	18	5	28	28
J	19	6	27	27	***D***	19	6	29	28	M	19	6	29	29
V	20	7	28	28	L	20	7	30	29	M	20	7	1[2])	1[3])
S	21	8	29	29	M	21	8	1[2])	1[3])	J	21	8	2	2
D	22	9	1[2])	30	M	22	9	2	2	V	22	9	3	3
L	23	10	2	1[3])	J	23	10	3	3	S	23	10	4	4
M	24	11	3	2	V	24	11	4	4	**D**	24	11	5	5
M	25	12	4	3	S	25	12	5	5	L	25	12	6	6
J	26	13	5	4	***D***	26	13	6	6	M	26	13	7	7
V	27	14	6	5	L	27	14	7	7	M	27	14	8	8
S	28	15	7	6	M	28	15	8	8	J	28	15	9	9
D	29	16	8	7	M	29	16	9	9	V	29	16	10	10
L	30	17	9	8	J	30	17	10	10	S	30	17	11	11
M	31	18	10	9						**D**	31	18	12	12

1) Octobre v.s.	1) Novembre v.s.	1) Décembre v.s.
2) Rebi-ul-Evel	2) Rebi-ul-Ahir	2) Djemazi-ul-ev.
3) Hechvan	3) Kislev	3) Tevet

La France économique

I

LA FRANCE PHYSIQUE

LIMITES ET CONTOURS

La France continentale qui occupe la majeure partie de la Gaule transalpine des anciens,est située entre le 42° et le 51° de latitude Nord, le 7° de longitude Ouest et le 5 de longitude Est. Elle est bornée au nord par la Manche et le Pas-de-Calais, qui la séparent de l'Angleterre ; à l'Ouest, par le Golfe de Gascogne et l'Océan Atlantique ; au nord-est par une ligne conventionnelle adjacente à la Belgique, au Luxembourg et au Rhin ; à l'Est, par le Rhin, le Jura, le lac de Genève et les Alpes Valaisanes ; au sud-est, par les Alpes ; au sud, par la Méditerranée et les Pyrénées. Sa superficie qui depuis le 1er Mars 1871 était provisoirement de 532.000 kilomètres carrés, est redevenue de près de 551.000 kilomètres carrés, le 11 Novembre 1918, date du retour définitif de l'Alsace et la Lorraine à la mère-patrie.

Peu de pays, en Europe, ont une situation aussi avantageuse que celle de la France qui est à la fois une puissance maritime et continentale. A cet avantage il convient d'en ajouter un autre : celui du partage des eaux dont la ligné générale est beaucoup mieux marquée que dans la plupart des autres Etats. Cette ligne détermine deux versants : le versant oriental porte les eaux vers la Mediterranée ; le versant septentrional et occidental se dirige vers le golfe de Gascogne, l'Océan Atlantique, la Manche et la mer du Nord.

DEMOGRAPHIE

Il est impossible de déterminer, même d'une manière approximative, quelle fut la population de la France antérieurement au 17e siècle. En 1.700, avant la guerre de la succession d'Espagne, un premier rapport des intendants permet d'évaluer la population totale de la France à 19.669.320 habitants.

Un siècle plus tard, en 1801, le dénombrement de la population accuse 27.349.000 habitants qui deviennent 35.783.170 en 1851. Cinquante années après, en 1901, la France enregistre 38.961.945 habitants. La population s'élève, en 1911, à 39.601.509 pour baisser en 1918, à 36 millions et demi. La guerre, l'épidémie de grippe, le recul de la natalité ont coûté à la France une diminution d'environ un dixième de sa population. Celle-ci, par contre, s'est accrue des contingents fournis par les provinces qui ont repris, en novembre 1918, leur place dans le giron de la patrie française. Le recensement effectué le 5 Mars 1921 accuse, pour les 90 départements, une population de 41.500.000 hab., relativement inférieure à celle d'avant la guerre, malgré l'apport des étrangers qui, depuis l'armistice, sont venus se fixer dans le pays.

L'EMPIRE COLONIAL

Les notes qui précèdent ne donneraient qu'une idée très incomplète de l'étendue et de la démographie de la France si nous ne disions ici quelques mots sommaires de l'empire colonial français, un des plus vastes du monde. Il comprend, en Afrique : l'Algérie, la Tunisie, le Maroc, les vastes domaines de l'Afrique Equatoriale et Occidentale, la côte des Somalis, Madagascar, la Réunion ; en Asie : l'Indo-Chine française et l'Etablissement français de l'Inde ; en Amérique : la Guadeloupe, la Martinique, la Guyane française, St-Pierre de Miquelon ; en Océanie : la Nouvelle-Calédonie et l'Etablissement français d'Océanie. La superficie des colonies françaises est de 10.626.829 kilomètres carrés, soit un dixième de plus de la surface totale de l'Europe qui est de 9.730.000 kilomètres carrés. Leur population dépasse 50.000.000 d'habitants et leur commerce extérieur représente les 3 et 1/2 douzièmes du mouvement économique total de la France.

Durant la guerre, les colonies françaises ont rendu des services inestimables non seulement à la France, mais à tous les Alliés. Il n'est pas exagéré de dire qu'elles ont contribué pour une très large part à assurer le triomphe final de l'Entente. Les richesses du sol et du sous-sol de l'empire colonial français sont inépuisables et elles garantissent à la métropole une prépondérance indiscutable dans tous les domaines économiques.

II
PRODUITS DU SOL

CÉRÉALES

Le climat de la France est éminemment favorable à toutes les cultures des pays tempérés. Les 55 millions d'hectares qui forment sa superficie se divisent comme suit : terres productives, 46 millions dont 26 en terres labourables, 5 en prés, 2 en vignes, un et demi en vergers, jardins et cultures diverses, 9 en bois et oseraies. Les terres improductives comportent : 8.300.000 hectares de landes et bruyères, 250.000 d'étangs et 3.700.000 hectares de routes, rivières, canaux, lacs et surface bâtie.

Les principaux produits de la culture des terres labourables sont : les blés, les avoines et les orges, — ces dernières surtout, notamment avec l'apport des orges d'Alsace — cultivées en France jouissent aussi d'une grande renommée et sont même très recherchées par les connaisseurs. Les grands brasseurs étrangers, soucieux de retenir leur clientèle, finiront par venir s'approvisionner en France d'une matière première de tout premier ordre.

Le seigle, le maïs, le sarrasin, le millet, le colza, etc. sont récoltés dans une bonne mesure.

En 1921, la récolte en blé a été d'environ 87 millions de quintaux, y compris deux millions récoltés dans le Haut-Rhin, le Bas-Rhin et la Moselle. Elle accuse ainsi un rendement moyen à l'hectare de près de 16 quintaux et demi, ce qui n'avait jamais été obtenu.

LÉGUMES, FRUITS, FLEURS

Parmentier a rendu à la France un service extrêmement précieux. La culture de la pomme de terre est très prospère dans ce pays et y a pris des proportions considérables. La récolte dépasse celle du blé. La culture du topinanbour se développe aussi de façon rationnelle.

Les plantes fourragères sont également ensemencées sur une surface digne de compter, mais ce sont les cultures industrielles qui tiennent une place des plus marquantes. Elles se classent comme suit : betteraves à sucre, betteraves de distillerie, tabacs, lin, chanvre, houblons, etc...

La culture des fruits mérite une mention spéciale car elle donne lieu à un mouvement d'exportation qui est loin d'être négligeable. Pommes, poires, chataignes, cerises, noix et noisettes, prunes et pruneaux, pêches, etc., sont récoltés par centaines de milliers de tonnes et donnent des résultats très palpables.

La flore de la France compte plus de 6.000 espèces ; aussi la culture florale est ici une des plus actives du monde. En effet, de tous les pays on vient s'approvisionner en France en variétés de fleurs d'ornement, de plantes d'agrément et d'arbres qui font les délices des amateurs. C'est par milliers que se chiffrent les établissements de pépinières.

VIGNES ET FORETS

Nous aurions voulu consacrer tout un chapitre à la vigne qui est une des plus importantes cultures de la France et répandue dans 80 départements. Le produit des vignobles a beaucoup souffert depuis l'invasion du phylloxera. Néanmoins, les qualités n'ont pas été dépréciées. Dans tous les pays, on peut dire dans tous les coins du globe on connait et vante les généreux vins français : le champagne mousseux, le bordeaux cristallin, le bourgogne pétillant, le médoc, le grave, le sauterne, les crus d'Alsace, etc., etc., célèbres dans tous l'Univers. Il en est de même des cognacs au bouquet exquis, des fines d'Armagnac, des marcs de Bourgogne, et aussi des cidres, des eaux de vie de cerise, des kirschs, des genièvres, etc. La France est bien le pays béni de la vigne et de tous les produits spiritueux.
la France. Cette proportion eût été autrement importante sans

Les bois et forêts couvrent les 18 3/4 0/0 de la surface de les défrichements qui ont dû être autorisés. Les principales espèces d'arbres que l'on trouve en France sont : le chataignier, le hêtre, le chêne-liège, le bouleau, le sapin et le pin résineux. Les plus belles forêts sont celles de Compiègne, de Fontainebleau, de Rambouillet, d'Orléans, de Villers-Cauteret, de l'Esterel, de Chaux, etc.

Par suite des travaux de reconstitution des régions dévastées, les besoins de la France en bois de construction sont considérables. Les forêts ne peuvent pas suffire à la besogne et des importations importantes doivent être faites. Les pays d'Orient qui possèdent de riches domaines forestiers, pourraient fournir une bonne partie du bois d'œuvre. Des entreprises françaises d'exploitation pourraient être créées sur place et donneraient des résultats très appréciables.

III

RICHESSES ANIMALES

LE CHEPTEL

La population animale de la France qui était en grand accroissement avant la guerre, ne dépasse pas 36.000.000 de têtes, réparties comme suit : espèce bovine : 11.500.000 têtes ; espèce ovine : 14.000.000 ; espèce chevaline : 3.000.000 ; ânes et mulets : 500.000 ; espèce porcine : 6.000.000 de têtes. Mais ce nombre d'animaux domestiques ne suffit pas aux besoins de la France qui est obligée de recourir à l'importation.

Les meilleures races de bœufs sont celles d'Auvergne et de Gascogne ; les plus beaux moutons, ceux du Berry ; les porcs les plus recherchés, ceux des Pyrénées ; les principales espèces de chevaux viennent du Limousin, du Perchen, de la Bretagne et de Normandie ; les meilleurs ânes et mulets sont ceux du Poitou. Le Maine, l'Angoumois, la Bresse fournissent des volailles renommées.

Les animaux sauvages sont rares. Quelques ours dans les Pyrénées, des loups, des sangliers et des renards, dans les grandes forêts. En revanche, le cerf, le daim, le chevreuil abondent dans les bois ainsi que les lièvres et les lapins. Parmi les oiseaux, quelques aigles, vautours, faucons et milans. La chasse est très importante et le gibier, on ne peut plus savoureux, est très recherché.

PRODUITS DU LAIT

L'industrie laitière en France a acquis un grand degré de développement, vu l'importance des espèces bovine et ovine. Les produits du lait français jouissent de beaucoup de faveur Ils consistent en laits naturels, concentrés et sucrés ; en beurres frais et salés, et en fromages variés. Ces produits sont en grande partie consommés dans le pays. Néanmoins des quantités assez considérables de beurres frais et fondus, de fromages fins et riches sont exportées.

La volaille donne lieu en France à un commerce actif d'exportation. On importe par contre des pigeons.

Avant la guerre, on exportait du miel et de la cire. Par suite de la terrible tourmente, ce sont les importations qui ont pris le dessus. Toutefois, la reconstitution des ruches se poursuit méthodiquement et une amélioration effective de la balance se fait déjà sentir.

PRODUITS DE LA PECHE

Les rivières en France sont très poissonneuses et, sur les côtes, les pêcheries sont une source de richesses considérables. Reconnaissons que la chair des poissons de France et tous les produits de la pêche sont vraiment exquis.

Des armements très importants sont faits chaque année pour la pêche de la morue, du maquereau, du hareng, des sardines, du thon, etc. Ces armements ont lieu à Dunkerque, à Boulogne, à Fécamps et à Saint-Malo.

Les huitres de Marennes, de Cancale et d'Arcachon sont très renommées. Les viviers et réservoirs à poissons de France figurent parmi les plus perfectionnés du monde. Une population très importante vit ainsi du commerce de la pêche dont l'activité, à certains moments de l'année, atteint une grande intensité. La valeur des bâtiments, des engins et autres attirails dépasse deux cents millions de francs et le produit pêché est évalué au double de cette somme.

IV

RICHESSES MINÉRALES

ROCHES

Le sous-sol de la France, composé de terrains de toute espèce renferme des richesses minérales incommensurables. Parmi les roches, on distingue : le marbre, le porphyre, le granit, l'albâtre, le cristal qui se trouvent dans les régions montagneuses et notamment dans les Hautes et Basses Alpes, les Hautes-Pyrénées, la Haute-Garonne, l'Ariège, les Vosges, etc.. On recueille l'ardoise dans les Ardennes, le Maine-et-Loire, le Finistère ; le kaolin, dans la Haute-Vienne ; la pierre meulière et le grès, dans le Calvados et la Seine et Marne ; l'argile, dans la Seine, l'Yonne, l'Eure-et-Loire, la Seine Inférieure ; le plâtre, dans la Seine et la Marne ; le silex, dans l'Yonne, le Cher et l'Ardèche ; la pierre lithographique, dans l'Ain, l'Indre et le Gard. Ajoutons à ces produits les substances extraites des carrières, telles que : les matériaux pour ballast et empierrements, le ciment, la chaux hydraulique, la pierre de taille, les pavés, le sable et gravier, etc., et l'on se rendra aisément compte que les régions rocheuses de la France recèlent d'abondantes richesses dont la mise en valeur se poursuit avec toute l'activité que comporte, en premier lieu, la reconstitution des régions dévastées.

METAUX

Un pays qui possède le fer représente à l'heure actuelle une puissance et une richesse incomparables ; les plus belles perspectives s'ouvrent devant lui puisqu'il peut fabriquer autant de machines, de rails et de navires qu'il en a besoin. Le pays qui détient la suprématie du fer, non seulement en Europe mais dans le monde entier, c'est la France. Grâce à la réintégration de l'Alsace et de la Lorraine, et à la découverte relativement récente des bassins de l'Anjou et de la Normandie, grâce aussi à l'apport de ses colonies, la France dispose à elle seule de réserves de minerai de fer (sept milliards de tonnes) égales à celles de tous les autres pays réunis, y compris l'Amérique du Nord.

Et il n'y a pas que le fer. On trouve en France d'autres minerais métallifères tels que le plomb, dans le Finistère, la Lozère et le Puy-de-Dôme ; le zinc, dans le Finistère ; le cuivre, dans le Rhône ; l'argent et aussi l'or, dans la Creuse et le Maine-et-Loire. On trouve, en outre, l'antimoine, l'arsenic, le soufre, l'étain et le mercure. Les gisements de sel de potasse d'Alsace, qui sont les plus riches que l'on connaisse, rendront à l'agriculture française des services inappréciables. Les sels gemmes, produits dans dix départements, constituent aussi un appoint sérieux.

COMBUSTIBLES

De même que pour le minerai de fer et le sel de potasse, le retour de l'Alsace et de la Lorraine à la mère patrie a considérablement accru la richesse charbonnière de la France. Le précieux combustible est extrait dans vingt bassins du Nord Pas-de-Calais, Anzin, Lens, Saint-Etienne, Alais, Creuzot, Blanzy, Décize, Bonchamps, Ahun, Saint-Eloy, Epinac, Maine-et Loire, Isère, Moselle, etc..., et lorsque tous les puits pourront être mis en état, la production de combustible de la France permettra la création et l'extension d'une foule d'industries qui n'attendent que l'assurance de pouvoir être alimentées pour surgir de terre comme par enchantement.

La houille blanche n'est pas à négliger en France, le pays étant admirablement conditionné pour utiliser les chutes d'eau. Jusqu'à la fin de 1922, la France disposera de près de *un million et demi* de chevaux de force en houille blanche. Il y a lieu de mentionner ici les huiles grasses et le pétrole qui existent en France et dans les colonies, occupant des nappes très étendues et dont l'exploitation rationnelle assurera à la France une nouvelle et extraordinaire source de revenus.

EAUX MINERALES

Les eaux minérales de la France viennent au premier rang et jouissent d'une renommée universelle. Ces eaux minérales abondantes — on évalue à 1.308 le nombre des sources — se divisent en froides, thermales ou chaudes, et aussi en gazeuses, sulfureuses, ferrugineuses, alcalines et salines. Elles sont spécifiques pour les affections de l'estomac, des intestins, du foie, de la peau, du système nerveux, des voies respiratoires, du cœur, des voies urinaires, des os, etc. ; pour l'anémie, le diabète, la goutte, l'obésité, le paludisme, les rhumatismes, la scrofule, etc, etc, etc. Les plus célèbres sont celles de Dax, Eaux-Bonnes, Eaux-Chaudes, Barège, Luz, Cauterets, Bagnères-de-Bigorre, Bagnères-de-Luchon, le Vernet, Amélie-les-Bains, dans la région des Pyrénées, d'Aix-en-Provence Allevard, Uriage, Aix-les-Bains, Evian, Thonon, dans la région des Alpes ; le Mont-Dore, la Bourboule, Néris, Vichy, Bourbon-l'Archambault, Saint-Galmier, Pougues, Saint-Honoré-les-Bains, dans la région du Centre ; de Vals, dans les Cévennes ; de Plombières, Luxeuil, Bourbonne-les-Bains, Contrexéville, dans la région des Vosges ; d'Enghien, près de Paris ; de Saint-Amand, dans le Nord ; de Forge-les-Eaux, dans la Seine-Inférieure ; de Bagnoles, dans l'Orne ; de Carola, en Alsace (Ribeauville, Haut-Rhin) etc. Les eaux minérales sont envoyées dans toutes les parties du monde.

V

INDUSTRIES ALIMENTAIRES

MEUNERIE, FARINES

La France qui est un pays éminemment agricole, devait nécessairement voir s'épanouir chez elle la plupart des industries alimentaires. Ces industries, quoique de créatoin relativement récente, sont déjà en pleine prospérité et suivent une courbe ascendante du plus heureux augure. Quelques-unes d'entre elles rivalisent victorieusement avec les établissements similaires les plus réputés du monde entier.

Cé sont la meunerie et les produits de la farine qui viennent en tête des industries de l'alimentation. Ne parlons pas du pain et de la pâtisserie française qui sont hors de pair. La biscuiterie en général a pris en France une extension considérable et cela depuis un quart de siècle. Les plus grandes usines se trouvent dans la région de Paris, à Nantes, à Reims, à Dijon, etc. Les pâtes alimentaires suivent de près et sont fabriquées principalement dans les environs de Paris, de Marseille, de Lyon, Bordeaux, etc.

En même temps que la farine de blé et autres céréales, on fait en France de l'excellente farine de riz, de haricots, de pois et d'autres légumineux, qui sont très recherchées. Avec la fécule de pomme de terre on produit aussi du tapioca, du sagou, du manioc, pour l'exportation en Extrême-Orient. L'amidonnerie française occupe aussi une certaine place dans les productions qui se rattachent à la meunerie et aux produits de la farine.

SUCRES ET SUCRERIES

L'industrie sucrière française qui était déja en progression avant la guerre, est appelée à prendre un essor des plus considérables au point de vue de l'exportation C'est aux producteurs français à savoir se servir des procédés modernes d'expansion pour prendre, dans le proche-Orient, la place occupée jadis par les centraux.

La confiserie qui est favorisée en France du fait de la grande abondance des fruits, peut aussi acquérir un développement important. Il faut pour cela que les confiseurs se décident à utiliser les fleurs comme cela se pratique en Orient où l'on tire profit des parfums et de la pulpe de tant de plantes. La France, dont la flore compte plus de 6.000 espèces, peut très aisément arriver à être la première dans la fabrication de ces sucreries exquises dont on est si friand en Orient et un peu aussi en Occident.

Nous pouvons classer dans cette rubrique les chocolats dans la préparation desquels le sucre entre pour une large part. Les diverses marques françaises étaient jadis très demandées partout. Grâce à sa science approfondie de l'art de la publicité, la Suisse tend à supplanter la France dans l'exportation chocolatière. Il y a peut-être lieu, pour les milieux compétents d'examiner de plus près cette question. Le recul dans l'exportation ne se limite jamais à un seul article. Il fait tache d'huile, car tout se tient.

CONSERVES

L'industrie des conserves alimentaires est essentiellement française. C'est un chimiste français, Appert, (Charles-Nicolas) mort en 1840, qui inventa le procédé au moyen duquel on conserve aux substances alimentaires, animales ou végétales, leur fraîcheur, leur arôme, et leur saveur. Il commença ses recherches en 1796, en fit constater les résultats, à Brest, en 1804, et, en 1810, publia le premier ouvrage sur l'art de conserver toutes les substances animales et végétales.

Cet art, la tradition française l'a conservé intact jusqu'à nos jours et nul autre pays, malgré des efforts aussi laborieux que dispendieux, n'est parvenu à l'imiter et à plus forte raison à l'égaler. Aussi, les marques françaises de conserves de toutes sortes sont les premières du monde.

On fait en France des conserves de poissons : sardines, thons, maquereaux, harengs, etc. ; de légumes, de viandes, de fruits, de lait, etc. Cette industrie a aussi de nombreuses branches, telles que la stérilisation, la dessication. Il est bon de répéter que l'industrie française de conserves alimentaires surpasse les industries similaires de tous les pays, à tel point que, pour donner le change, la plupart des fabricants étrangers ne font usage que d'étiquettes libellées en langue française.

HUILES ET GRAISSES

Au même titre que les conserves, les huiles françaises jouissent d'un rénom mondial et sont très recherchées pour leur pureté, leur finesse et pour toutes les qualités inhérentes à l'article. Marseille, Bordeaux, Nantes, le Nord, etc., possèdent les plus belles huileries du monde.

Les graisses végétales (beurre artificiel, de coco, margarine) ont aussi pris une place marquante dans l'industrie alimentaire. Ce qui contribue à ce développement c'est le fait que, étant de création récente, l'utilisation des graisses végétales peut être faite par des procédés scientifiques absolument modernes, offrant de sérieuses garanties et permettant d'obtenir des prix de revient très avantageux et des produits impeccables.

Les savons français dans la fabrication desquels l'huile figure comme facteur principal, sont également très renommés. Jusque dans les pays les plus reculés, toutes les ménagères réclament auprès de leurs fournisseurs, le classique savon de Marseille ; elles refusent de se servir de tout produit qui ne porte pas le nom de la grande cité phocéenne ou d'une autre métropole française.

Les stéarines françaises sont aussi d'un rendement industriel très avantageux.

VI

INDUSTRIES MÉTALLIQUES

SIDERURGIE

En parlant des richesses minières de la France, nous avons dit que ce pays est le premier du monde pour les réserves de minerai de fer. Ce fait dit à lui seul quel avenir absolument privilégié est réservé à l'industrie sidérurgique française. Déjà les hauts-fourneaux qui dépassent 150 et les fours électriques qui approchent de la centaine, sont en pleine activité. Malgré cela, ils ne peuvent pas répondre aux nécessités de l'heure, quoiqu'ils occupent une population ouvrière de près de un demi million d'hommes.

Au point de vue quantitatif, les fontes brutes et spéciales se classent en premier. Viennent ensuite les aciers bruts et spéciaux, les demi-produits (blooms et billettes) et les produits finis (rails, éclisses, traverses, bandages de roues, aciers marchands, poutrelles, profilés, tôles et larges plats, fer, machines, fils, pièces de forges, essieux, ressorts, plaques, tubes et tuyaux, moulages d'acier, fer blanc).

Déjà avant la guerre, la sidérurgie française, organisée sur des bases rationnelles s'acheminait, à pas de géant, vers le plus éclatant épanouissement. Avec le précieux appoint de l'Alsace et de la Lorraine, avec l'esprit d'initiative et d'entreprise dont on fait preuve dans les milieux industriels français, ce pays ne tardera pas à occuper le tout premier rang dans le domaine sidérurgique mondial.

AUTRES METAUX

L'industrie de l'aluminium, qui est née vers la fin du dernier siècle, a pris, en moins de vingt-cinq ans, un essor extraordinaire. L'aluminium vient en grande partie du midi de la France. L'aluminium est obtenue de la bauxite, minerai que l'on extrait en quantités considérables des gisements du Var, des Bouches-du-Rhône, de l'Hérault. Les puissants groupes industriels qui sont à la tête des entreprises d'aluminium françaises sont outillés de façon à donner à la production de leurs usines la plus grande extension.

La métallurgie du plomb, du zinc, du nickel, de l'étain, de l'antimoine, quoique très active en France, ne suffit pas aux besoins du pays. Le déficit est comblé avec des importations.

La France ne produit pas, ou presque, du cuivre. Elle est obligée d'importer cette matière dont l'usage s'adapte à une foule d'industries.

Les construction métalliques en France sont extrêmement importantes. Néanmoins, le pays importe presque le double des machineries exportées. L'effort général qui se manifeste dans toutes les branches de l'activité laisse prévoir que la France importera de moins en moins des machines et en exportera de plus en plus.

AUTOMOBILES

L'industrie automobile, la plus jeune de toutes, a cependant une origine très ancienne. En 1769, Cugnod, ingénieur français, né en Lorraine (à Void), inventa la première voiture automobile. Il en fit l'essai, en présence du duc de Choiseul et du Général Gribeauval. La machine se comporta bien et elle est... remisée au Conservatoire des Arts et Métiers.

Exactement un siècle et quart plus tard, en 1894, l'attention des constructeurs français fut de nouveau retenue par les moteurs légers de Serpellet, d'Emmanuel Aimé et de Dion-Bouton. En 25 années, de 1896 à 1920, la locomotion automobile réalisa les incomparables progrès auxquels nous assistons littéralement émerveillés.

Il est réconfortant de constater que l'industrie automobile, née en France, est demeurée éminemment française. Et cela, non seulement au point de vue de la variété, de l'élégance, de la solidité des machines qui s'adaptent à une foule d'usages, mais encore et surtout comme technique et production. Malgré les efforts inouïs déployés par les constructeurs étrangers, c'est la machine française, de luxe et de commerce, qui est la plus demandée. En effet, l'exportation automobilière française est prodigieuse et appelée à décupler dans l'intervalle de quelques années. Il en sera de même pour l'aéronautique, invention française, le jour où elle entrera dans le domaine industriel.

VII

INDUSTRIES CHIMIQUES

LA GRANDE INDUSTRIE

La guerre mondiale a eu pour premier résultat heureux de voir la France commerciale et industrielle briser les moules vétustes de la vieille routine et y substituer des formules pratiques, un véritable « esprit nouveau » qui ne tardera pas à métamorphoser la vie économique du pays.

La grande industrie chimique n'échappe pas au nouveau courant et elle y adapte ses procédés, ses méthodes, son outillage et même ses hommes. Avant la guerre, l'industrie chimique française était embryonnaire, comparée à la formidable organisation allemande. Sans prétendre que les rôles soient renversés, on peut dire que les progrès devenus déjà tangibles en deça du Rhin, s'annoncent comme on ne peut plus prometteurs. La perspective est vraiment consolante. Les acides minéraux, les alcalis et carbonates alcalins, les principes décolorants, les bromes et bromures, les engrais chimiques, etc., etc., marquent une telle progression que l'on se trouve en présence d'une surproduction. Celle-ci n'est cependant qu'apparente, car les débouchés augmentent tous les jours et la demande surpassera de beaucoup l'offre.

LA PETITE INDUSTRIE

Dans ce domaine aussi la production française laissait à désirer. L'Allemagne avait presque monopolisé la petite industrie chimique, les matières premières et brutes se trouvant chez elle à profusion. La guerre a modifié cet état des choses au complet avantage de la France. Celle-ci, loin de se fournir à l'étranger, peut désormais livrer, à des conditions avantageuses, tout le cycle des produits de la petite industrie chimique, aussi bien que de la grande. Matières colorantes, produits de la distillation de la houille, du bois, des pétroles, extraits tinctoriaux et tannants, couleurs minérales, coles et gélatines, etc., etc., prendront le chemin de l'exportation dès que les barrières artificielles qui séparent les producteurs et les consommateurs seront abattues. Et cela ne saurait tarder. Les oscillations résultant du grand cataclysme se ramènent au point fixe et la vie normale finira par reprendre. L'industrie de la distillerie acquiert de même un développement tous les jours plus croissant, l'alcool s'adaptant à des usages aussi multiples que variés.

PRODUITS PHARMACEUTIQUES

Nous avons vu que par la force des choses la France doit supplanter l'Allemagne dans presque toutes les branches de la grande et de la petite industrie chimique. Ce fait se réalisera en premier lieu pour les produits pharmaceutiques. Aux causes essentielles qui sont en train de modifier les industries chimiques, il y a lieu d'ajouter, en ce qui concerne les produits pharmaceutiques, une raison d'ordre moral de la plus haute importance : ce sont souvent les inventions des savants français que les Allemands industrialisaient, se créant ainsi des sources de bénéfices immenses. Avec le merveilleux élan qui porte l'industrie française vers des destinées vraiment brillantes, les chercheurs et inventeurs français n'ont plus à craindre de se voir dépouillés du fruit de leur labeur.

Dès avant 1914, la France produisait des quantités considérables de médicaments. Pendant la guerre, cette production a été intensifiée de façon surprenante et elle ne saurait s'arrêter en si bonne voie. De toute façon, les spécialités pharmaceutiques françaises sont l'objet d'une préférence marquée, préférence qui se justifie par la qualité absolument supérieure des éléments qui entrent dans la composition des produits.

VIII
INDUSTRIES TEXTILES

SOIERIES

L'industrie textile française embrasse tous les genres. Dans la plupart, la France est sans rivale ; dans d'autres, elle peut lutter contre les industries étrangères les plus renommées ; dans toutes, le fabricant français est celui qui inspire le plus confiance.

Nous n'apprendrons rien au lecteur en disant que la France est le plus important marché du monde pour les soieries et que Lyon est le premier centre de production. Cette dernière ville, depuis quelques années, se partageait, avec d'autres cités françaises, la production du précieux textile. Elle devra compter aussi désormais avec les métropoles des départements retrouvés.

La fabrication ne comporte pas seulement les merveilleux tissus, chefs-d'œuvre de goût, de finesse et d'harmonie, que tout l'univers se dispute ; elle embrasse aussi la bonneterie, les rubans, les tulles, les velours, la passementerie et une foule d'autres articles si souples, si doux, si fins, qui flattent la vue autant que le toucher et qui chiffrent par milliards. Les cocons et soies transformés en France sont en majeure partie importés de Turquie, de Russie, de Chine, du Japon, et d'Italie.

LAINAGES

L'industrie lainière française a énormément souffert de la guerre, une grande partie des filatures se trouvant dans les régions dévastées. L'apport des centres industriels alsaciens atténue, dans une certaine mesure, l'étendue des dépréciations subies par cette source importante d'activité.

Le pays produisait un huitième à peine des laines nécessaires à l'industrie. Cette production se trouve malheureusement réduite du fait de la diminution du cheptel français. L'Australie, le Cap, l'Argentine, la Bolivie et l'Orient approvisionnement les manufactures de laine dont les centres principaux sont Tourcoing, Roubaix, Elbœuf, le Nord, la Picardie la Champagne, le Dauphiné, etc.

La laine fabriquée en France comporte les tissus, la draperie, la bonneterie, les croisés, les façonnés, les flanelles, etc. Tous les produits lainiers français sont très recherchés par les négociants étrangers. Dans quelques années, avec la restauration des usines détruites, avec l'appoint des établissements d'Alsace qui représente le quart environ de la production totale d'avant-guerre, la France sera le premier pays en Europe pour la production de la laine peignée.

COTONNADES

La France produit peu de coton. Elle est obligée de faire venir du dehors la matière première nécessaire à son industrie cotonnière. Ce sont : les Etats-Unis, l'Egypte et les Indes qui fournissent cet article. Il en venait aussi de Turquie, mais les agriculteurs orientaux ont laissé cette culture et lui ont substitué, en grande partie, celle du tabac.

Du fait de la guerre, l'industrie cotonnière n'a pas été épargnée en France. Mais les fabricants se sont vite ressaisis et la majeure partie des usines sont de nouveau en pleine activité. L'apport des métiers alsaciens (deux millions de broches et 46.000 métiers) fait que la production française des cotonnades a déjà retrouvé le niveau d'avant-guerre et marche vers un progrès tous les jours plus croissant.

La France ne dispose pas, il est vrai, d'autant de broches que l'Angleterre, mais les cotonnades françaises trouvent toujours des débouchés, la variété des produits, la qualité de la fabrication étant spécialement recherchées.

Les plus importantes filatures de coton se trouvent dans les Vosges, la Meurthe-et-Moselle, et en Alsace ; Rouen, Roubaix, Tourcoing, Elbœuf, Lille, Epinal, Mulhouse, sont les grands centres commerciaux. Mulhouse, Colmar, avec les vallées environnantes ; Amiens, Saint-Quentin, Lille, Roanne, Rouen, Elbœuf, etc., contiennent les meilleures filatures.

LIN ET CHANVRE

Autrefois, la France produisait de grandes quantités de lin et de chanvre que les paysannes filaient et tissaient. Petit à petit, ces deux plantes ont cédé la place à d'autres supposées plus rémunératrices. Cela est dommage, car les lins et les chanvres français donnent de fort belles qualités de produits. Aujourd'hui, la France est, en grande partie, tributaire de l'étranger pour ces deux matières. C'est la Russie qui les fournit avec l'Italie et l'Angleterre.

Les chanvres français sont toujours tissés par les habitants des campagnes dans l'Orne, la Sarthe, la Mayenne, le Maine-et-Loire, où l'on fabrique des draps, des serviettes, des torchons. Les quantités ainsi produites sont nécessairement insignifiantes. Par contre, les manufactures de Lille et d'Armentières sont très actives et fournissent une belle production.

Les lins français, particulièrement demandés, sont fabriqués dans le Nord, en Normandie, en Béarne, dans le Dauphiné et dans la Loire. Les métiers à tisser le lin, le chanvre et les jutes sont évalués en France à environ 30.000. Les fabriques de baptiste et de linon du Cambrésis sont universellement connues. Leur produit est supérieur, comme qualité, aux articles faits en Irlande, et cela n'est pas peu dire.

La corderie et les ficelles françaises sont supérieurement travaillées et très réputées. Les plus importants établissements se trouvent à Angers, au Havre, à Marseille et à Paris. Leur production dépasse les besoins du pays et des colonies et des quantités importantes sont envoyées dans les grands centres d'Europe et d'Amérique.

AUTRES ARTICLES

A côté des soieries, cotonnades et lainages proprement dits, il est une foule d'articles qui sont fabriqués en France avec les mêmes matières et jouissent d'une grande vogue. Ce sont, entre autres, les belles dentelles à la main et à la machine de Calais, Lyon et Coudry ; les broderies blanches de Saint-Quentin, l'industrie rubannière des départements de la Loire et de la Haute-Loire, de Saint-Etienne, etc., qui occupe plus de cent mille ouvriers et ouvrières ; l'industrie des tresses et lacets qui donne de l'animation à la région de Saint-Chaumond ; la passementerie qui est exportée en Extrême-Orient, en Amérique, en Angleterre et en Orient. La bonneterie française est spécialement demandée et provient de Picardie, de la Loire, de la Somme, du Gard et de l'Hérault. La confection française, pour hommes et pour dames, qui embrasse tous les genres, est exportée dans tous les pays du monde où elle est tenue en grande faveur. Les rechanges, corsets et une infinité d'autres articles font prime partout et portent les échos de la force de productivité de la France jusque dans les contrées les plus lointaines.

IX

INDUSTRIES DE LUXE

BIJOUTERIE, ORFEVRERIE

Elles sont très nombreuses les industries de luxe et de beaucoup les plus importantes. Deux mots sur quelques unes d'entre elles. Parmi les premières industries de luxe on distingue en France : la bijouterie, l'orfèvrerie, les pierres précieuses, les perles fines, l'horlogrie, les bronzes, œuvres d'art, tableaux, tapisseries, antiquités, etc., etc. Ces industries sont presque toutes concentrées à Paris et produisent annuellement plusieurs centaines de millions.

L'étranger qui achète de pareils objets en France peut être certain qu'on lui remet des pièces artistiques offrant toutes les garanties.

PARFUMERIE

La parfumerie, à proprement parler, relève des industries chimiques. Mais, les fabricants français ont élevé cette industrie à la hauteur d'un art éminemment luxueux.

L'usage des parfums vient de l'Orient d'où les Croisés l'apportèrent en France. Favorisée par l'abondance extrême des matières premières, la parfumerie française se développa de très bonne heure et ne tarda pas à s'imposer à tout l'univers.

La vogue de la parfumerie française provoqua la fondation de nombreuses grandes maisons. Toutes rivalisèrent d'adresse et d'ingéniosité, déployant dans la pratique de leur art des tresors de luxe, ce qui contribue pour beaucoup à affirmer leur succès. La forme des flacons, la nuance des étuis, la substance des écrins, équivalent à des poèmes ; jusqu'aux étiquettes, aux rubans, aux emballages des articles de parfumerie qui constituent autant de créations. Les salons des grands parfumeurs de Paris sont de délicieux boudoirs, quand ce ne sont pas des musées.

COUTURE, MODE

Si la France vient au premier rang pour tous les articles de luxe, la couture française, la mode française, règnent en souveraines maitresses dans tous les pays civilisés. Et c'est justice, car rien ne saurait être comparé à la toilette d'une parisienne, à n'importe quelle classe de la société que celle-ci appartienne.

Quel prince de sang, quel baron de la finance, quel roturier enrichi consentiraient à convoler en justes noces le trousseau de l'élue n'est pas signée par un des grands faiseurs pari siens ? C'est par centaines de millions qu'est évaluée l'exportation des toilettes, robes et manteaux qui sont expédiés aux quatre coins de l'univers. Et de tous les pays du monde, les plus grandes dames viennent elles-mêmes en France, c'est-à-dire à Paris, pour s'y faire habiller autant que pour voir la ville lumière qui est bien la cité la plus admirable qui soit.

X

AUTRES INDUSTRIES

Si nous voulions mentionner, même au galop toutes les industries qui ont droit de cité en France, le « Guide Sam » n'y suffirait pas. Force nous est donc de nous restreindre, à notre plus vif regret, nous réservant cependant, dans les éditions ultérieures, de consacrer à chacune des branches de l'activité économique française, la place à laquelle elle a droit. Et nous parlerons alors comme il convient : de la peausserie et des industries du cuir qui sont très prospères, de la chaussure et de tous les articles qui l'escortent ; des industries du caoutchouc, du celluloïde, de la bimbeloterie qui embrasse un vaste champ d'action ; de la verrerie, de la faïencerie, des instruments d'optique et de précision, de la maroquinerie, des jouets parisiens, de mille autres riens plus utiles les uns que les autres, de toutes les futilités indispensables comme le sont tous les objets qui semblent superflus quand on ne les a pas. Oui, nous parlerons de tout cela et de bien des choses encore ; nous nous occuperons même de sport, car, comme l'a si bien dit un député français, devenu ministre, par suite : « Dans certains pays et dans certains cas, un coup de poing de Carpentier fait à lui seul pour la propagande française, autant, sinon plus, qu'une belle pièce de théâtre ou un roman à sensation. » Et nous nous efforcerons surtout de faire voir par delà les frontières que la France n'est pas ce qu'un vain peuple pense.

Ce pays, qui, cinq années durant, par sa bravoure, sa vaillance, son entrain merveilleux, son esprit de sacrifice, son désintéressement surtout, a stupéfié le monde, cet admirable pays est capable de l'étonner encore plus par sa vitalité commerciale, par ses possibilités industrielles, par ses ressources financières, en un mot, par sa puissance économique qui égale si elle ne la surpasse celle des plus grands Etats du globe

La France intellectuelle

AUX ETUDIANTS ETRANGERS

Quoique ce « Guide » prétende servir l'expansion économique française, nous nous en voudrions de ne pas publier ici quelques notes brèves et forcément incomplètes sur la France intellectuelle.

De l'avis d'un ancien Ministre de l'Instruction Publique, les étrangers qui veulent faire des études en France, seraient bien inspirés de les commencer dans une Université ou école de province et de les terminer, éventuellement, à Paris. De la sorte ils apprennent à mieux connaître la vie et la famille françaises, ils acquièrent l'habitude et l'assiduité au travail, ce qui est difficile à conserver dans un Océan comme Paris. En outre, l'entretien matériel est bien meilleur marché en province où la vie intellectuelle et studieuse est intense.

En venant en France, l'étudiant étranger, indépendamment de ses pièces d'indentité, doit être muni du diplôme scolaire le plus élevé qu'il possède et qui doit être légalisé par le consul de France de la ville d'où il vient. Après avoir fait sa déclaration de séjour à la Préfecture de police, à Paris (ou à la mairie, en province), il doit faire traduire, par un traducteur assermenté, ceux de ses documents qui ne sont pas libellés en langue française. Nanti de toutes les pièces requises, il doit se présenter au Secrétariat de la Faculté ou de l'école qu'il désire fréquenter. Il existe à Paris et en province des Comités de Patronage des étudiants étrangers, auprès desquels il est utile de se renseigner sur les démarches à faire, sur les épreuves à subir et sur les taxes à acquitter.

UNIVERSITES

Il y a en France dix-huit Universités ayant chacune des Facultés des Lettres, des Sciences, de Droit, de Médecine et une Ecole supérieure de Pharmacie. Dans quelques Universités il y a une Faculté mixte de médecine et de pharmacie. Les Universités de Besançon et de Clermont n'ont pas de Faculté de Droit. D'autres Universités ont aussi des Ecoles et des Instituts supplémentaires et des cours spéciaux de langue française à l'usage des étrangers,

Les cours universitaires commencent le premier novembre et se terminent à la fin de juin. La période des examens dure ensuite quatre semaines.

Les étrangers qui ne sont pas bacheliers ou n'ont pas d'équivalences, peuvent passer, en mai ou en octobre un examen qui comporte une épreuve écrite et deux orales. Un droit uniforme de Francs 140, est payé pour le diplôme ainsi obtenu.

Les programmes de l'enseignement sont les mêmes dans les dix-huit Universités qui confèrent, au même titre, les grades d'Etat suivants :

FACULTE DES LETTRES : Licence ès-lettres, Diplôme d'études universitaires, Doctorat ès-lettres. FACULTE DES SCIENCES : Certificats d'études simples et supérieures, licence ès-sciences, Doctorat et diplôme supérieur. FACULTE DE DROIT : Certificat de capacité, licence et doctorat. FACULTE DE MEDECINE : Doctorat en médecine, diplôme de chirurgien-dentiste, Diplôme de sage-femme. ECOLE DE PHAMACIE : Certificat d'aptitude, Diplôme de pharmacien, Diplôme supérieur. Les Instituts techniques et spéciaux délivrent chacun des certificats et diplômes adéquats.

BIBLIOTHEQUES, MUSEES, ACADEMIES

L'instruction donnée en France trouve un complément approprié dans les bibliothèques publiques qui sont très nombreuses et variées. Pour ne parler que de Paris, à part les bibliothèques nationales et municipales qui ressortissent au Ministère de l'Instruction publique et les bibliothèques ministérielles et parlementaires, il y en a une centaine d'autres qui sont privées ou appartiennent à des groupes divers. En province aussi les bibliothèques départementales, universitaires, municipales et privées sont très nombreuses

Parallèlement aux bibliothèques, il existe des musées divers extrêmement riches. Ils se divisent en nationaux, municipaux et privés et contribuent largement au parachèvement de l'instruction générale. Paris compte vingt musées nationaux cinq musées municipaux, un musée de l'Institut et une dizaine de musées particuliers. Chaque département a aussi plusieurs musées dont quelques uns fort célèbres.

Les grands corps savants en France sont constitués en Académies. L'Académie Française est une institution éminemment intellectuelle dont font partie, au nombre de 40, les plus illustres hommes de lettres français. Elle forme, avec les académies de Médecine, des Beaux Arts, des Inscriptions et Belles-Lettres et des Sciences Morales et Politiques, l'Institut de France ; sauf l'Académie des Sciences qui compte 50 membres, les autres quatre groupes se composent chacun de 40 membres.

La Société Nationale d'Agriculture de France est devenue depuis 1915, l'Académie d'Agriculture. En 1896, à la mort d'Edmond de Goncourt, la Société Littéraire des Goncourt prit aussi le surnom d'Académie. Il y a une septième Académie des Jeux Fleuraux, à Toulouse. Mentionnons aussi l'Académie de France à Rome, dont les élèves, au nombre de 10, se recrutent parmi les lauréats des Grands Prix de Rome pour la Peinture, la Sculpture, l'Architecture, la Gravure et la Musique.

Des conférences extrêmement intéressantes et nombreuses sont aussi organisées régulièrement par différentes institutions, par des sociétés ou des particuliers.

LITTERATURE ET MUSIQUE

La littérature française est la plus importante et en même temps la plus belle qui existe. La production dépasse celle de tous les autres pays réunis. Et cela est naturel, car le français, né sentimental, est épris de conceptions généreuses, originales et elevées ; son imagination est vive et féconde, son esprit alerte, et la langue française, riche, souple, harmonieuse, se prête admirablement à l'interprétation de toutes les idées.

Les Français ont été les premiers à profiter de l'invention de l'imprimerie. Dès le seizième siècle on voit apparaître de très beaux ouvrages écrits par des français, mais c'est au dix-septième siècle et au dix-huitième que les penseurs, les poètes et les prosateurs français connaissent la grande vogue. La librairie enregistre de beaux succès et ces succès qui vont en s'affirmant au dix-neuvième siècle finissent par s'universaliser de nos jours. En effet, la plupart des beaux ouvrages littéraires et scientifiques, et presque tous les romans français sont traduits dans les principaux idiomes et obtiennent à l'étranger autant sinon plus de succès qu'en France. La raréfaction du papier qui est une des mille conséquences de la guerre, jointe à l'excessive cherté de la main-d'œuvre, a considérablement nui à la pensée et à l'intellectualité. Mais ce n'est là qu'une gêne momentanée. L'industrie du livre français, organisée à l'instar de tous les groupements commerciaux, finira par retrouver sa prospérité d'avant-guerre.

La vulgarisation de la musique française est bien postérieure à celle du livre. En outre, pendant que la production livresque s'imposait d'emblée et prenait la toute première place dans le monde entier, la musique se laissait distancer, restant inférieure à celle des pays centraux. Néanmoins, des progrès vraiment gigantesques furent accomplis en très peu d'années et dès avant la guerre, l'edition musicale française occupait déjà une place des plus enviables. Ces progrès ne peuvent aller désormais qu'en s'accentuant le culte de la musique prenant en France des proportions tous les jours plus considérables.

THEATRES

L'art dramatique français est vieux comme la France elle-même. A toutes les époques de l'histoire de ce pays, les manifestations théâtrales ont eu une place prépondérante. Depuis le dix-septième siècle, l'art dramatique français a pris un développement tellement grand qu'il domine aujourd'hui le mouvement intellectuel, fait partie de la vie sociale française et est entré, pour ainsi dire, dans les mœurs de la nation.

Autrefois, le théâtre avait un caractère défini. Mystique, symbolique ou guerrier à ses débuts, il devient par la suite dramatique, comique, satirique. Mais peu à peu les genres se multiplient et empiètent les uns sur les autres sans cependant perdre de leur originalité ni de leur portée, et sans cesser de voir leur succès aller en croissant.

C'est à Paris que se concentre la vie artistique et théâtrale. Actuellement, il existe dans la capitale quatre théâtres nationaux : l'Opéra (Académie Nationale de musique), la Comédie Française, l'Opéra-Comique et l'Odéon ; deux théâtres municipaux : la Gaîté-Lyrique et le Trianon-Lyrique ; seize salles dites de comédie, autant de théâtres de genre, le double de spectacles variés, plus une vingtaine de théâtres de quartier, ce qui fait environ une centaine de salles dans lesquelles sont données régulièrement des représentations théâtrales, artistiques et musicales. Ajoutons les salles de cinéma, trois fois plus nombreuses que les théâtres et qui ne désemplissent pas toute l'année.

LA PRESSE

Ce n'est pas en vain qu'on a surnommé la presse « le quatrième pouvoir ». La puissance des journaux est, en effet, illimitée ; elle dépasse même celle des autres pouvoirs pris isolément ou dans leur ensemble. Toutefois, la presse française n'a pas l'autorité de la presse britannique, ni l'expansion de celle des Etats-Unis. Cela tient à des considérations d'ordre local et psychologique.

Il y a à Paris plus de cinquante quotidiens dont quarante du matin, et une douzaine qui paraissent à partir de midi ; autant de périodiques illustrés, politiques, littéraires, magazines, etc ; une cinquantaine aussi de publications spéciales, techniques, d'éducation, etc. ; presque un nombre égal de bulletins, archives, etc., ce qui fait pour la seule ville de Paris, près de deux cent cinquante périodiques, sans compter les feuilles intermittentes et sporadiques.

Le journalisme a beaucoup évolué en France, notamment depuis un quart de siècle. Au lendemain du procès Dreyfus, la presse française s'est nettement orientée vers les affaires et la finance ce qui fait que l'on peut parler de l'industrie des journaux comme on parle de toute autre branche de l'activité économique. Est-ce là un bien ou un mal ? Peut-être bien que oui, peut-être bien que non. Disons que c'est plutôt une conséquence inéluctable de l'évolution universelle qui régit la conduite des individus comme des nations. Le domaine des idées ne saurait se creuser son sillon à part et il est obligé de suivre le courant qui entraîne tout dans sa course, ne redoutant nul obstacle.

Et puisqu'il y a là une fatalité à laquelle rien n'échappe, souhaitons que de cette industrialisation à outrance, il résulte une sauvegarde efficace des intérêts moraux et matériels de la France et cela pour le grand bien de cet admirable pays et de l'humanité toute entière.

Sam Lévy,

Ancien rédacteur en chef du « Journal de Salonique ».

La France thermale et climatique

CLIMATS DE FRANCE

« Les beautés de la nature sont plus merveilleuses et plus indéfinissables que les beautés des arts », a dit un hydrologue du siècle dernier. Pareillement, les remèdes que la nature offre sont plus merveilleux que les remèdes fabriqués par l'homme.

Il y a autant de climats que de pays et la thérapeutique des climats doit tenir compte de mille nuances.

Une station climatique c'est l'endroit où les éléments guérisseurs se combinent, soit au bord de la mer, soit en plaine soit à une altitude plus ou moins grande. Ces divers postes sont classés selon la caractéristique de leur action.

Les plus vieux documents de la médecine et les plus anciennes traditions attestent que l'influence des lieux et de l'air fut toujours observée et recherchée. D'instinct, à la suite de toute maladie, on a recours au «*changement d'air*». Quiconque est bien portant trouve profit à ce déplacement. On a toujours avantage à se transporter dans un milieu autre que celui où l'on dépense d'ordinaire son activité.

La cure par le climat requiert certaines précautions. Il faut tenir compte des tempéraments, car on ne va pas impunément à la mer ou à la montagne, même quand on n'est pas malade ; mais, pour peu qu'on le soit, le problème peut être complexe au plus haut point, on ne s'en doute pas assez. L'art de ce choix découle d'une science spéciale, la climatothérapie, qui concerne l'utilisation thérapeutique des climats

Le point capital, c'est d'associer aussi exactement que possible, un climat ou tel caractère d'un climat à telle maladie ou pour mieux dire, à une physionomie très spéciale de cette maladie chez le malade en cause.

La climatothérapie a pour objet de rapprocher les organismes des climats qui leur conviennent et dans les plus precises conditions.

LES FACTEURS CLIMATIQUES

Certains facteurs climatiques viennent du sol lui-même. Question de latitude et d'altitude. La pression barométrique en est un important élément ; elle marque le taux d'oxygène nécessaire pour garder des troubles fâcheux la ventilation pulmonaire et la tension artérielle. L'équilibre thermique révèle le jeu régulier de ces deux forces contraires, le froid et le chaud. L'humidité est un facteur climatique de premier ordre. Le régime des pluies est important à observer, les pluies nocturnes sont les plus propices.

Le vent est le plus grand perturbateur des climats. Les meilleures stations sont généralement les plus abritées. Il importe non moins qu'elles soient en pleine lumière. «L'antiseptie par le soleil, a-t-on dit, est universelle. L'azur céleste, qui n'est en somme que la lumière polarisée, est microbicide ». Par la luminosité dont le rôle est capital, la climatotherapie englobe l'héliothérapie ou médication solaire. Elle s'étend aussi à la recherche, à l'analyse, à l'utilisation des autres agents dont la nature donne encore lieu à tant d'hypothèses ou d'investigations.

Chacune des propriétés climatériques a son action particulière sur l'organisme du malade. La connaissance approfondie, la pratique attentive de cet ensemble et des divers éléments qui le composent permettent au praticien de fixer les indications et les contre-indications d'une station.

LES CLIMATS MARINS DE FRANCE

Au bain de lumière et au bain d'air pur, le climat marin joint celui de l'eau de mer, qui a des vertus particulières Trois mers baignent notre pays. Toutes sont riches en plages. Nos côtes présentent ainsi une étonnante variété de climats. La mer du Nord et la Manche ont des degrés dans leur rudesse, qui sied aux natures molles et indolentes. L'Océan a des eaux plus tempérées grâce aux courants du Gulf-Stram. La Méditerranée est le royaume du Soleil, l'Empire de la lumière. Ce sont là des traits bien généraux. On trouve cependant des stations aussi favorisées pour leur végétation sur le littoral de la Manche qu'en tel point méditerranéen, de même telle station du Golphe de Gascogne, comme Biarritz, se rapproche fort de celle de Berck.

On est émerveillé des richesses à ce point nuancées. Il en est parmi ces postes climatériques marins qui sont aussi amplement aérés que des stations d'altitude. D'autres, dans quelque capricieux contour, sont tapis à l'abri des vents. Le climat océanien est plus équilibré que celui de la Manche et plus marin que celui de la Méditerranée.

En sorte que la physionomie de nos climats marins rassemble tous les traits désirables. Toutes les affections trouvent ainsi un climat qui les adoucit ou les efface. Les climats stimulants alternat dans des cadres très variés avec les climats apaisants. L'atmosphère tonique si précieuse à tant de nos infirmités, se trouve tout aussi bien sur les côtes du Nord que sur celles du Sud-Ouest. En plus d'un, la note sédative se joint à la note tonique.

Entre Berck et Biarritz qui ont des aspects si proches une immense étendue de côtes se déroule offrant ainsi une infinité de ressources, riches trésors oü, dans leurs manifestations si distinctes, les voies respiratoires, de la nutrition, de la circulation, du système nerveux, etc., trouvent un remède naturel et vivant. Ce remède est singulièrement complexe et par cela même peut être plus actif encore. Une nature propice la dose, sur nos côtes, de la façon la plus complète en sorte qu'il n'est pas une des modalités de non maladies qui ne puisse être, ici ou là, traitée avec succès.

Les vents du large, les embruns avec les principes qu'ils renferment et qu'ils projettent dans l'atmosphère, la lumière ample et directe, procurent aux natures qui ont besoin d'être stimulées, ce remède impalpable, pénétrant et merveilleux qui rénove l'organisme. C'est le cas de la plupart des stations de la Manche et de beaucoup de l'Océan. La Méditerranée offre surtout des stations sédatives. Sur nos autres rivages, l'eau de mer a une valeur thérapeutique et qui est de nature très différente selon les lieux, avec, par suite, des procédés de cure non pareils.

L'eau de la Manche, plutôt froide, exige un bain de courte durée. Le bain peut être plus prolongé sur les plages de l'Océan. En Méditerranée, l'eau ne joue qu'un office d'agrément et le plaisir du bain y est possible l'hiver même. Ce n'est pas ici un climat proprement marin. La vertu du climat est dans l'atmosphère, imprégnée d'aromes, que des vents troublent parfois, sauf en des points de la Riviera, magnifiquement abrités, mais nourrie surtout des principes chimiques dont une intense lumière s'accompagne et que distribuent les rayons d'un incomparable soleil.

LES CLIMATS D'ALTITUDE EN FRANCE

Ces derniers mérites, éminemment précieux se rencontrent en des conditions différentes mais avec une efficacité tout aussi puissante dans les stations d'altitude. Avec cette belle luminosité, nous trouvons ici une pureté bactériologique presque absolue. C'est le point de rencontre et d'action de ces grands agents purificateurs qui s'appellent la lumière solaire, les forêts, la neige et la pluie. Un tel milieu se distingue par la sécheresse de l'air et une remarquable transparence de l'atmosphère. Un climat aussi sec, doté d'une vive énergie solaire, présente des inégalités thermiques entre les zones ensoleillées et ombragées et entre le jour et la nuit. Pour le choix des stations, il faut tirer partie des forêts, rochers, enfractuosités et autres abris. En de telles conditions le caractère stimulant de la haute altitude trouve son plein effet.

La pression atmosphérique s'atténue au fur et à mesure qu'on s'élève. Le travail du cœur est ainsi intensifié et les globules rouges multipliés. Exemple frappant des avantages thérapeutiques qu'on doit rechercher à ces hauteurs. Mais avec quelle prudence ! Parce que des climats aussi énergiques peuvent provoquer des désordres chez certains organismes. Au médecin il appartient donc d'y recourir selon des indications bien précises, en procédant le plus souvent, par étapes.

LES SAISONS

C'est pourquoi tant de préjugés, qu'il est grand temps de dissiper, existent relativement à la mer et à la montagne, à toutes cures d'air en général. On se complait dans d'étranges erreurs quant à la durée des cures, qui en fait, n'a rien de fixe et qui, surtout pour les saisons un peu rudes, doit se décomposer, dans des conditions variables, en plusieurs périodes préparant le malade à la cure d'abord et, celle-ci achevée, au retour à la vie normale dans le milieu accoutumé. On s'imagine aussi très communément, que les cures d'air celles d'altitude surtout sont réservées à l'été. Il y a aussi les cures d'hiver et qui ne sont pas les moins profitables.

A tous les degrés de l'échelle des climats continentaux, il est aisé de trouver des postes où les cures sont possibles. Elles le sont particulièrement dans les stations d'altitude où d'ailleurs les sports attirent, d'ores et déjà tant de monde.

VARIETES DES CLIMATS CONTINENTAUX EN FRANCE.

En résumé, la France continentale présente la même harmonieuse gamme de climats variés que la France maritime. Les Pyrénées et les Alpes ont le privilège des altitudes les plus variées, au milieu des sites splendides. Le plateau Central et l'Auvergne sont caractéristiques des climats de moyenne altitude ; de même, le Jura et les Vosges, qui constituent le plus beau domaine de cures d'air qui existe en Europe avec leurs vastes surfaces boisées, entrecoupées de pâturages dans le Jura, de chaume dans les Vosges.

Que de stations climatiques aussi dans toutes ces magnifiques régions du Morvan, du Limousin, de la Normandie ! De même dans le domaine des climats, des plaines, où trouvera-t-on un plus beaux choix de stations forestières qu'en France ?

Et enfin s'il s'agit de climats « mixtes » mi-marins, mi montagnards, où trouver meilleur choix que dans notre Pays Basque, le long de notre Côte Vermeille et dans ces montagnes qui sont la féérique bordure de notre Côte d'Azur ?

DEMAIN

Parmi les innombrables richesses de la France, nous devons, unis en un commun effort, exploiter l'une des plus fructueuses : « L'AIR DE LA FRANCE », plus riche, plus pur, plus lumineux, plus sain que tous les autres. Et aux ressources si abondantes qu'offrent à la magnifique industrie du tourisme nos sites, nos monuments, nos richesses hydrominérales, nous ajouterons celles de nos stations climatiques, désormais mieux connues et mieux aménagées.

STATIONS DE SEJOUR.

Pour les affections de l'estomac : Vichy, Pougues, Vals, Evian.

Pour les affections de l'intestin : Plombières, Vichy, Pougues, Aix-en-Provence, Evian, Vals.

Pour les affections du foie : Vichy, Pougues, Contrexéville, Vittel, Evian.

Pour les affections de la Peau : La Bourboule, Barèges, Luchon, St-Gervais, Cauterets, Royat, Enghien, Aix-les-Bains.

Pour les affections du système nerveux : Néris, Bagnères de-Bigorre, Luxeuil, Plombières, St-Gervais, Dax, Salins-du-Jura, Salins-Moutiers.

Pour les affections des Femmes : Biarritz, Luxeuil, Plombières, Bagnères-de-Bigorre, Eaux-Chaudes.

Pour les affections des voies respiratoires : Mont-Dore, La Bourboule, Luchon, Eaux-Bonnes, Royat, Enghien.

Pour les affections du cœur et des Vaisseaux : Royat, Luxeuil, Plombières, Evian.

Pour les affections des reins et de la vessie : Contrexéville, Vittel, Vichy, St-Nectaire, Evian, Thonon, Vals, Aix-en-Provence.

Pour les affections des os, blessures : Barèges, Amélie-les-Bains, Luchon, Biarritz, La Bourboule, Aix-les-Bains.

Pour anémiés : Royat, Luxeuil, La Bourboule.

Pour le diabète et la goutte : Vichy, La Bourboule, Vals, Contrexéville, Vittel, Pougues.

Pour l'obésité : Vichy, La Bourboule, Châtel-Guyon.

Pour le paludisme : Vichy, Châtel-Guyon, La Bourboule, Vals, Evian, Pougues.

Pour les rhumatismes : Aix-les-Bains, Dax, Luchon, Vichy Bagnères-de-Bigorre, Plombières, Luxeuil.

Pour la scrofule et le lymphatisme : Biarritz, La Bourboule, Bourboule-les-Bains, Aix-les-Bains, Luchon, Eaux-Bonnes, Cauterets, Uriage, Lons-le-Saulnier.

L. Auscher,
Membre du Conseil d'Administration du Turing Club de France.

Docteur J. Sellier,
Secrétaire Général de la Société d'Hydrologie et de Climatologie de Bordeaux, etc., etc.

Renseignements Médicaux sur les Stations

STATIONS	CARACTÈRES CHIMIQUES	PRINCIPALES INDICATIONS
Bagn.de-Bigor. (H.-Pyrénées)	*Sulfatées calciques* *Thermales*	Neuro-arthritisme. — Maladies accompagnées d'irritabilité congestive et nerveuse. — États anémiques. — Algies. — Nervosisme.
B.-l'Archamb (Allier)	*Chlorurée sodique.* *Bicarbonatée mixte* *Bromo-iodurée.*	Arthritisme. — Goutte atonique. Névralgies — Paralysies. Suites de fractures et luxations.
Brides (Savoie)	*Thermales Alcalines.* *Sulfatées* *Chlorurées sodiques.*	Obésité. Dyspepsie gastro-intestinale. — Entérite.
Cauterets (Hautes-Pyrén.)	*Thermales* *Sulfureuses. Sodiques*	Voies respiratoires. Syphilis (favorise le traitement mercuriel).
Châtel-Guyon (Puy-de-Dôme)	*Chlorurées sodiques et magnésiennes. Bicarbonatées mixtes, ferrugineuses*	Constipation. — Entéro-colite. Congestion hépatique. Maladies coloniales.
Contrexéville (Vosges)	*Sulfatées calciques et magnésiennes, lithinées, bicarbonatées calciques et ferrugineuses.*	Hyperuricémie sous toutes ses formes (goutte, gravelle, rhumatismes, etc.) Diabète. — Lithiase biliaire et hépatites. Néphrites chroniques et albuminuries. Cure d'amaigrissement. (L'Eau de Contrexéville ouvre le rein et abaisse la Constante d'Ambard)
Evian (Haute-Savoie)	*Eaux froides, bicarbonatées mixtes de faible minéralisation.*	Cure de diurèse. — Maladies de l'appareil urinaire. Neuro-arthritisme. — Artério-sclérose.
La Bourboule (Puy-de-Dôme)	*Arsenicales. Thermales, Chlorurées. Bicarbonatées Radioactives.*	Cure arsenicale. Maladies de la peau, des voies respiratoires. Paludéens.
Lamalou (Hérault)	*Bicarbonatées mixtes.* *Thermales*	Affections du système nerveux en particulier de la moëlle épinière (tabes).
Luchon (Haute-Garonne)	*Hypothermales.* *Sulfhydratées, sulfurées sodiques.*	Maladies de la peau. — Syphilis. Maladies des voies respiratoires.
Le Mont-Dore (Puy-de-Dôme)	*Thermales. Bicarbonatées ferrugineuses, arsenicales siliceuses.*	Affections des voies respiratoires. Asthme en particulier.
Pougues (Nièvre)	*Froides. Bicarbonatées mixtes, chlorurées sodiques. Ferrugineuses.*	Dyspepsies hyposthéniques. Atoniques.
Royat (Puy-de-Dôme)	*Carboniques fortes, thermales, bicarbonatées, ferrugineuses.*	Maladies du cœur et du système artériel.
Sail-les-Bains (Loire)	*Silicatées, lithinées, ferrugineuses, sulfureuses.*	Maladies de la peau. Affections cancéreuses.
Saint-Galmier (Loire)	*Bicarbonatées calciques et sodiques, gazeuses. Froides.*	Eau de table. Affections du tube digestif et des voies urinaires.
Saint-Gervais (Haute-Savoie)	*Chlorurées sulfatées mixtes. Bromurées lithinées.* (*Une source sulfhydrique*).	Dermatoses Cures climatiques.
Saint-Nectaire (Puy-de-Dôme)	*Thermales. Chlorurées. Bicarbonatées. ferrugineuses.*	Albuminuries.
Vals-les-Bains (Ardèche)	*Bicarbonatées sodiques, ferrugineuses arsenicales.*	Arthritisme du tube digestif. Coliques hépatiques et néphrétiques. Maladies coloniales.
Vichy (Allier)	*Bicarbonatées sodiques fortes.*	Maladies de l'estomac. Maladies du foie et des reins (en particulier lithiase). Diabète.
Vittel (Vosges)	*Sulfatées. Bicarbonatées sodiques magnésiennes.*	Maladies des voies urinaires (lithiase rénale) Maladies du foie (en particulier lithiase).

LES ÉTRANGERS EN FRANCE

Les étrangers ne peuvent entrer en France que s'ils sont munis de leur passeport national, visé à destination de la France par les autorités de leur pays ; 2° par les autorités du pays où ils se trouvent ; 3° par les autorités consulaires françaises. C'est ainsi qu'un Anglais résidant en Angleterre et qui veut venir en France doit avoir son passeport anglais visé par les autorités anglaises pour la France et visé par le Consul de France du lieu de sa résidence ou dans la juridiction duquel se trouve cette résidence. Un Anglais qui réside en Suisse et qui veut se rendre en France, doit avoir un passeport anglais, visé pour la France, d'abord par son Consul, ensuite par les autorités Suisses et enfin par le Consul de France.

Les autorités françaises sont absolument libres d'accorder ou de refuser le visa ; elles peuvent de même le retarder ou le subordonner à certains délais.

Les passeports reçoivent d'ordinaire un nouveau visa à l'entrée en France dans les postes frontières et les ports de débarquement. Les étrangers sans passeport ou dont les passeports ne sont pas réguliers ne sont pas admis à pénétrer en France ; au cas où ils ont réussi à y entrer, ils sont refoulés dès que leur présence est constatée.

I. *Voyageurs et Touristes.* — Au terme du décret du 2 avril 1917, les étrangers qui font en France un séjour de moins de quinze jours ne sont astreints à aucune formalité administrative. Il leur suffit d'être munis de leur passeport. Dans la pratique, et afin d'augmenter les facilités données aux touristes qui ne font en France qu'un court séjour d'études, d'affaires ou d'agrément, il a été décidé que les étrangers de passage pourraient rester en France pendant deux mois sans avoir à faire de déclaration. Il y a là une mesure de bienveillance consentie en faveur des touristes, mais les étrangers qui comptent s'établir en France ne doivent pas oublier que le délai réglementaire est toujours de quinze jours.

Ne peuvent être admis à séjourner en France même temporairement, les étrangers dont le passeport est revêtu d'un visa de transit qui les autorise seulement à traverser la France

Un étranger qui vient d'Italie et qui se rend en Angleterre ne peut être admis, sous aucun prétexte que la force majeure, à séjourner en France si son passeport est visé pour traverser la France sans arrêt.

Certains étrangers ont des passeports visés pour la France, mais pour un séjour d'une durée limitée. Les autorités françaises ne peuvent, en général, sauf des cas très exceptionnels, proroger la durée de validité de ces visas et à l'expiration du délai fixé sur le passeport, ces étrangers doivent quitter la France.

II. *Séjour en France.* — Les étrangers qui font en France un séjour prolongé doivent se conformer aux dispositions de la loi du 8 août 1893, des décrets des 2 et 21 avril 1917 et de la loi du 18 mars 1919.

Aux termes du décret du 2 avril 1917, ils doivent, s'ils restent en France plus de quinze jours, solliciter l'attribution d'une carte d'identité qui leur sert de titre de résidence et de permis de séjour. Ils doivent se présenter en personne pour former cette demande, répondre à un questionnaire et le signer, et fournir 5 photographies de face et sans chapeau. Dans le Département de la Seine, ces demandes sont reçues à la Préfecture de Police. Dans les autres Départements elles sont reçues par le commissaire de police, ou, à défaut, par les Maires. Il est donné récépissé de la demande et la carte définitive est délivrée ultérieurement après examen. L'étranger qui a reçu un récépissé est considéré comme étant en règle tant qu'il n'a pas été statué sur sa demande. La carte peut être refusée.

L'étranger à qui la carte est refusée doit quitter la France. S'il s'y refuse, un arrêté d'expulsion est pris contre lui. Si la carte est accordée, elle est remise à l'étranger après paiement d'une taxe de 5 frs. Cette taxe doit être acquittée chez le percepteur du quartier.

L'obligation de la carte d'identité est imposée à tous les étrangers sans distinction. En sont seuls exemptés les enfants de moins de 15 ans et les membres, régulièrement accrédités en France, du Corps Diplomatique, ainsi que les Consuls de carrière pourvus de l'exequatur.

Les étrangers exerçant une profession doivent accomplir d'autres formalités. Quelle que soit la profession qu'ils exercent, ils doivent se faire inscrire sur un registre spécial institué par la loi du 8 août 1893, et appelé registre d'immatriculation. L'immatriculation se fait à la Préfecture de Police pour le Département de la Seine et dans les Mairies pour les Départements. Elle peut se faire en même temps que la demande de carte d'identité ; elle est soumise à une taxe, variable suivant l'importance de la localité, et qui est à Paris de 6 frs. 75.

Si la profession qu'il exerce est celle de commerçant, dans le sens le plus large du mot (qu'il s'agisse de fabricants, de détaillants ou d'intermédiaires), l'étranger doit se faire inscrire sur le Registre de Commerce institué par la loi du 18 mars 1919. Cette inscription se fait au greffe du Tribunal de Commerce.

Les étrangers qui négligent de se conformer aux prescriptions ci-dessus énumérées s'exposent à des peines qui sont fixées par les lois et les décrets précités. A ces peines peut toujours s'ajouter l'expulsion du territoire français.

Les étrangers ont à tout moment la faculté de quitter librement la France, soit pour retourner dans leur pays, soit pour se rendre dans un autre pays. Ils ne peuvent le faire cependant qu'après avoir fait viser leur passeport

Le passeport doit être visé d'abord par le Consul du pays dont l'étranger est ressortissant, ensuite par le Consul du pays de destination et enfin par l'autorité préfectorale française

En principe, le visa n'est valable que pour un seul voyage ; toutefois, des conventions avec certains pays ont permis de donner soit des visas valables pour l'aller et le retour, soit des visas valables pendant un an.

A Paris, l'étranger qui veut obtenir le visa, dépose à la Préfecture de Police, (Esc. D. 2me étage, porte B), son passeport dont il lui est donné reçu. Il doit aussi produire sa carte d'identité (ou le récépissé qui en tient lieu) s'il a séjourné plus de quinze jours en France.

Le passeport lui est rendu — dûment visé — le lendemain même du jour du dépôt. Le prix du visa est fixé à 2 fr. 40.

NOTA. — Depuis le mois d'août 1921, l'obligation du passeport est supprimée entre la France et la Belgique pour les nationaux de ces deux pays. Les Français se rendant en Belgique et les Belges venant en France doivent cependant être munis d'une pièce d'identité avec photographie.

La formalité du visa des passeports est également supprimée pour les Anglais retournant en Angleterre et pour les Luxembourgeois rentrant dans leur pays. Dans ces deux Etats un traitement réciproque est accordé aux Français revenant en France.

Les Américains du Nord quittant la France, par un port français, pour regagner directement les Etats-Unis, ne sont pas non plus astreints à la formalité du visa préfectoral de leur passeport.

Comme on le voit, petit à petit, au fur et à mesure que la situation internationale revient à la normale, les restrictions qui avaient été imposées aux voyageurs disparaissent et les déplacements se simplifient.

Disons, en terminant, que depuis le 23 août 1921, dans le but d'éviter le plus possible au public des pertes de temps, M. Leullier, le distingué préfet de police et son dévoué chef de cabinet, M. Marlier, ont aporté des réformes très opportunes dans les formalités du visa des passeports.

MAIRIES PARISIENNES

1er *arrondissement* : 4, Place du Louvre ; 2e, 8, Rue de la Banque ; 3e, 2, Rue Eugène-Spuller ; 4e, Place Baudoyer ; 5e, Place du Panthéon ; 6e, 78, Rue Bonaparte ; 7e, 116, Rue de Grenelle ; 8e, 11, Rue d'Anjou ; 9e, 6, Rue Drouot ; 10e, 72, Rue du Faubourg Saint-Martin ; 11e, Place Voltaire ; 12e, Rue Descas ; 13e, Place d'Italie ; 14e, Place de Montrouge ; 15e, 31, Rue Péclet ; 16e, 71, Avenue Henri-Martin ; 17e, 18, Rue des Batignolles ; 18e, 115, Rue Ordener ; 19e, Place Armand-Carrel ; 20e, 6, Place Gambetta.

COMMISSARIATS DE POLICE

1er *Arr.:* — 7, Quai des Horloges ; 8, Rue des Prouvaires ; 21, Rue des Bons-Enfants ; Marché Saint-Honoré.

2e *Arr.:* — 36, Rue des Petits-Champs ; 5, Rue d'Amboise ; 6, Rue du Mail ; 9, Rue Thorel.

3e *Arr.:* — 60, Rue Notre-Dame de Nazareth ; 62, Rue de Bretagne ; 4, Rue de Béarn ; 44, Rue Beaubourg.

4e *Arr.:* — 16, quai de Gesvres ; 19, rue Vieille-du-Temple ; 1, Rue Jules-Cousin ; 11, Quai aux Fleurs.

5e *Arr.:* — 31, Rue de Poissy ; 5, Rue Geoffroy-St-Hilaire ; 1, Rue Vauquelin ; 7, Rue Dante.

6e *Arr.:* — 19, Rue des Grands-Augustins ; 2, Rue Crébillon ; 38, Rue d'Assas ; 14, Rue de l'Abbaye.

7e *Arr.:* — 10, Rue Perronet ; 3, Rue de Bourgogne ; 72, Avenue de Breteuil ; 6, Rue Amélie.

8e *Arr.:* — Rue Jean-Goujon ; 90, Rue La Boétie ; 57, Rue d'Anjou ; 10, Rue Clapeyron.

9e *Arr.:* — 37, Rue La Rochefoucauld ; 43, Rue Taitbout; 21, Rue du Faubourg-Montmartre ; 50, Rue de La Tour-d'Auvergne.

10e *Arr.:* — 179, Rue du Faubourg Saint-Denis ; 4, cité d'Hauteville ; 26, passage du Désir ; 154, Quai Jemmapes.

11e *Arr.:* — 30, Rue des Trois-Bornes ; 15, Rue Neuve-Popincourt ; 2, Rue Camille-Demoulins ; 21, Rue de Chanzy.

12e *Arr.:* — 13, Rue du Rendez-vous ; 3, rue Bignon ; 26, boulevard de Bercy ; 59, Rue Traversière.

13e *Arr.:* — 6, Rue Rubens ; 3, passage Ricaut ; 38, Rue Robillot.

14e *Arr.:* — 13, Rue Delambre ; 8-bis, Rue Sarrette ; 12, Rue Boyer-Barret.

15e *Arr.:* — 14, place de Vaugirard ; 45, boulevard Garibaldi ; 69, Rue Fondary ; 15, Rue Lacordaire.

16e *Arr.:* — 74, Rue Chardon-Lagache ; 2, Rue Bois-le-Vent ; 18, Rue Mesnil ; 4, Rue du Bouquet-de-Longchamp.

17e *Arr.:* — 14, Rue de l'Etoile ; 132, boulevard Malesherbes ; 16, place des Batignolles ; 3, rue Clairaut.

18e *Arr.:* — 5, passage Tourlac ; 12, rue Lambert ; 50, Rue Doudeville ; 68, rue Philippe-de-Girard.

19e *Arr.:* — 17, rue de Tanger ; 37, rue de Nantes ; 25, Rue du Général-Brunet ; 10, Rue Rodier.

20e *Arr.:* — 46, Rue Ramponeau ; 38, Rue du Surmelin ; 6, place Gambetta ; 66, Rue des Orteaux.

RECEVEURS DES CONTRIBUTIONS

1er *Arrondissement* : 16, rue des Bourdonnais ; 11, rue Baillif ; 2e : 9, rue Louis-le-Grand ; 27, rue du Caire ; 3e : 23, rue Meslay ; 4, rue Elzévir ; 4e : 2, rue Figuier ; 5e : 13, rue Mallebranche ; 6e : 4, rue Furstenberg ; 24, rue de Fleurus ; 7e : 59, rue de Grenelle ; 2, rue Bertrand ; 8e : 155, rue du Faubourg St-Honoré ; 38, rue de Laborde ; 8-bis, rue Montalivet ; 9e : 12, rue Say ; 94, rue de la Victoire ; 3, rue de Montholon ; 10e : 147, rue Lafayette ; 6, rue de Marseille ; 11e : 6, rue Fontaine-au-Roi ; 16, rue Petion ; 12e : 12, rue Chaligny ; 13e : 3-bis, avenue d'Italie ; 14e : 174, avenue du Maine ; 15e : 283, rue de Vaugirard ; 69, rue du Théâtre : 16e : 1, rue des Bauches ; 21, rue Decamps ; 17e : 106, avenue de Villiers ; 26, rue Truffaut ; 18e : 67, rue Lamarck ; 1, rue Saint-Jérôme ; 19e : 15, quai de Seine ; 12, rue Armand-Carrel ; 20e : 116, rue Orfila.

Comité National des Conseillers du Commerce Extérieur de la France

Etablissement reconnu d'utilité publique

24, Avenue Victor-Emmanuel III

Président : M. Etienne CLEMENTEL, Sénateur, Ancien Ministre

Directeur : M. Armand MEGGLÉ

Le Comité National des Conseillers du Commerce extérieur, établissement reconnu d'utilité publique par décret du 9 mars 1921, exerce son action en liaison étroite avec l'Office National du Commerce extérieur.

En dehors de ses Commissions techniques au sein desquelles sont étudiées les différentes questions relatives à notre commerce extérieur, le Comité National a créé dans les principaux centres industriels et commerciaux de province, des Agences Régionales d'information et d'action économique.

Ces Agences constituent les organes régionaux de l'Office National du Commerce extérieur.

Elles sont spécialement chargées de renseigner les industriels et commerçants de leur circonscription sur les débouchés offerts par les marchés étrangers et de rechercher les possibilités d'exportation des industries régionales en vue de les faire connaître à l'Office National du Commerce extérieur et à nos agents d'expansion au dehors.

Les Exportateurs trouveront auprès de ces Agences, non seulement la documentation officielle émanant de l'Office National du Commerce extérieur, mais encore des conseils pratiques et une aide efficace de nature à faciliter leurs opérations.

AGENCES REGIONALES DE L'OFFICE NATIONAL DU COMMERCE EXTERIEUR

Bordeaux, à la Chambre de Commerce.
Nancy, 40, rue Gambetta.
Lyon, 31, rue Ferrandière.
Marseille, Palais de la Bourse, Escalier A.
Toulouse, 2 *bis*, rue d'Alsace-Lorraine.
Lille, Palais de la Bourse.
Montpellier, à la Chambre de Commerce.
Alger, 1, rue Littré.

OFFICE NATIONAL DE COMMERCE EXTÉRIEUR

22, Avenue Victor-Emmanuel III

Président : M. E. CLÉMENTEL, Sénateur, Ancien Ministre.

Directeur : M. François CROZIER, *Ministre plénipotentiaire*

L'Office national du Commerce extérieur a pour mission de fournir aux industriels et négociants français, soit par des rapports particuliers, soit par une publicité générale et par tous autres moyens, les renseignements commerciaux de toute nature pouvant concourir au développement du commerce extérieur, à l'extension des débouchés dans les pays étrangers, les colonies françaises et les pays de protectorat.

Il correspond directement avec toutes les autorités françaises de la métropole, des colonies et de l'extérieur et, notamment, avec les attachés commerciaux, les agents commerciaux et les consuls.

Il est le correspondant en France de tous les Offices commerciaux français à l'étranger.

Toutes opérations commerciales d'achat pour la revente lui sont interdites.

L'Office National, qui était installé 3, rue Feydeau, a été transféré 22, Avenue Victor-Emmanuel III. Ce transfert s'accompagne d'une modification complète dans les méthodes et les moyens d'action de cet établissement. Une répartition nouvelle des services a été décidée, qui assurera l'élaboration de la documentation, dans les sections géographiques se partageant les grandes zones commerciales du monde. Grâce au concours des Agents du Ministère du Commerce à l'étranger et de nos Consuls, avec l'assistance des Chambres de Commerce à l'étranger et des Conseillers du Commerce extérieur, chaque section est en mesure de se constituer, pour chaque article, une documentation sûre, à jour, et immédiatement utilisable.

Pour assurer, d'autre part, une diffusion plus rapide de ces renseignements dans tous les centres français susceptibles d'en tirer parti, l'Office National du Commerce extérieur s'est assuré la collaboration des Agences Régionales que le Comité National des Conseillers du Commerce extérieur a constituées auprès des différentes régions économiques du pays.

Les services français d'expansion commerc. dans le Levant

Nous publions ci-après la liste des attachés, Chambres de Commerce françaises, Offices et Agences du commerce extérieur dans les pays du Levant :

BULGARIE.

Sofia. — Chambre de Commerce Française, 2, rue Moskowska.

EGYPTE.

Le Caire. — M. Grandguillot, Attaché Commercial de France à l'Agence Diplomatique ; Chambre de Commerce Française, 1, rue Fandak-Savoy.

Alexandrie. — Office Commercial Français, rue Nebi-Danial, 30 ; Chambre de Commerce Française, 4, rue Tewfik-Pacha.

GRECE.

Athènes. — M. Saillens, Agent Commercial, chargé des fonctions d'attaché commercial à la Légation de France ; Chambre de Commerce Française.

Salonique. — Office Commercial Français, 1, rue de Salamine.

SYRIE et CILICIE.

M. Gilly, *Beyrouth.*

TCHECO-SLOVAQUIE.

Prague. — M. Blanc, Agent Commercial, chargé des fonctions d'Attaché commercial à la Légation de France.

TURQUIE.

Constantinople. — Chambre de Commerce Française, Pera 41 rue Cabristan ; Office Commercial Français, Chichané Karakol (Comités, Les Dardanelles, Brousse).

TURQUIE D'ASIE.

Smyrne. — Chambre de Commerce Française (Correspondant de l'Office du Levant).

Naturalisation des étrangers en France

A la page vingt-cinquième de la partie de ce livre consacrée à la Turquie, on trouvera une très courte étude sur les Orientaux en France. A la fin de cette notice il est dit : « ...En présence des sentiments de « fidélité des Orientaux envers la France, de leur « contribution à l'œuvre nationale d'expansion éco- « nomique, de leur connaissance approfondie de la « langue et du penchant réel qu'ils nourrissent pour « la culture française, la question de leur naturali- « sation se posera nécessairement un jour... »

Comment la législation française envisage-t-elle la naturalisation des étrangers ? C'est ce que nous sommes allé demander à un homme de loi de nos amis. Voici la consultation strictement juridique qu'il nous a donnée et dont les lecteurs peuvent faire leur profit :

NATURALISATION : — La naturalisation est l'acte en vertu duquel un étranger obtient dans un pays les droits et les privilèges dont jouissent ceux qui y sont nés. Sous l'ancienne monarchie, il appartenait au roi seul d'accorder des *Lettres de naturalité.* La loi du 30 avril—2 mai 1790 inaugura un principe bien différent : sous son empire, la naturalisation résultait de plein droit d'un temps déterminé de séjour en France. La Constitution de l'an III et le décret du 17 mars 1809 modifièrent profondément la législation sur ce point. L'étranger, pour obtenir le bénéfice de son séjour sur le territoire, fut obligé de faire une déclaration formelle et explicite de son intention de s'y fixer définitivement. Bien plus, le séjour ne donna que l'aptitude à obtenir la naturalisation, et le droit de l'accorder demeura réservé de la façon la plus absolue au chef de l'Etat. Aujourd'hui cette matière est régie par le Code Civil et par la loi du 26 juin 1889. Aux termes de cette dernière loi, peuvent être naturalisés :

1° Les étrangers qui ont obtenu l'autorisation de fixer leur domicile en France, après trois ans de domicile dans le pays, à dater de l'enregistrement de leur demande au ministère de la justice ;

2° Les étrangers qui peuvent justifier d'une résidence ininterrompue pendant dix années ;

3° Les étrangers admis à fixer leur domicile en France, après un an, s'ils ont rendu des services importants à la nation, s'ils y ont apporté des talents distingués, ou s'ils ont introduit en France soit une industrie, soit des inventions utiles, ou s'ils ont créé des établissements industriels ou autres, soit des exploitations agricoles, ou s'ils ont été attachés, à un titre quelconque, au service militaire dans les colonies et les protectorats français ;

4° L'étranger qui a épousé une Française, aussi après une année de domicile autorisé.

Il est statué par décret sur la demande de naturalisation, après une enquête sur la moralité de l'étranger.

REMARQUE : — Le Français naturalisé à l'étranger ou celui qui acquiert sur sa demande la nationalité étrangère par l'effet de la loi, perd la qualité de français. Toutefois pour ceux qui sont encore soumis aux obligations du service actif dans l'armée, la naturalisation à l'étranger ne fait perdre la qualité de Français que si elle a été autorisée par le gouvernement français.

Renseignements généraux concernant les mariages

Pour contracter mariage, le futur doit être âgé d'au moins 18 ans et la future de 15 ans, sauf dispense accordée par décret.

Le mariage peut être célébré indifféremment et au choix des parties, à la mairie du domicile du futur ou de la future ou de leur résidence établie par un mois d'habitation continue à la date de la publication prévue par la loi.

La publication dure *dix jours.*

Les jours ordinaires de mariage sont les mardis, jeudis et samedis, le matin.

Les pièces doivent être déposées à la Mairie où sera célébré le mariage.

Il est nécessaire que les futurs soient *tous les deux présents* le jour du dépôt des pièces en vue de la publication, à moins qu'ils ne soient remplacés par leur père, leur mère, ou un représentant mandaté à cet effet.

Tous les actes d'état civil nécessaires au mariage peuvent être demandés ;

- Soit à la Mairie de la commune dans laquelle ils ont été dressés ;
- Soit, *de préférence,* au Greffe du Tribunal civil de l'arrondissement où est située cette commune.

Ils doivent être établis sur papier timbré, sauf application de la loi du 10 décembre 1850. Toutefois ceux qui proviennent de la mairie où doit se célébrer le mariage, sont, par exception, délivrés sur papier libre.

Les actes et pièces délivrées en Belgique et dans le Grand-Duché de Luxembourg, doivent être *légalisés* par le Président du Tribunal civil de l'arrondissement ou par le Juge de paix du canton.

Les actes et pièces délivrés dans les autres *pays étrangers* doivent être légalisés par les autorités de

Ministre des Affaires étrangères à Paris, traduits par un interprète juré et timbrés par un bureau d'enregistrement.

PIECES A PRODUIRE POUR CONTRACTER MARIAGE

§ 1. — A TOUT AGE

1° L'*Acte de Naissance.*

Cet acte ne devra pas avoir été délivré depuis plus de *trois mois* au jour du mariage s'il a été délivré en France et depuis plus de *six mois* s'il a été délivré dans une *colonie* ou dans un *consulat.*

Au cas où cet acte ne pourrait être fourni, il y est suppléé par *un acte de notoriété* dressé par le Juge de paix homologué par le Tribunal du lieu où sera célébré le mariage.

2° *Un certicat* constatant le *domicile* (ou la *résidence*) actuel et sa durée.

Si ce domicile (ou cette résidence) est d'une durée inférieure à six mois, *un autre certificat* constatant le domicile (ou la résidence) antérieur et sa durée, est nécessaire.

Ces certificats sont délivrés par le propriétaire, le gérant ou le concierge, et visés par le Commissaire de police.

Pour les personnes en service, les certificats doivent être établis par les patrons chez lesquels elles sont ou ont été logées et visés également par le Commissaire de police.

NOTA. — *Ces pièces sont indispensables pour CHACUN des époux, dès la déclaration à fin de publication.*

§ II. — DE 21 ANS A 30 ANS
(*les célibataires seulement*)

Outre les pièces indiquées dans le § I, produire:

1° *Si les père et mère sont vivants et n'assistent pas au mariage :*

a) Leur *Consentement.*
(Il est reçu par un Notaire ou par l'officier de l'état civil de leur domicile ou de leur résidence).

b) S'ils refusent, il y est suppléé par une *Notification* signée par Notaire, et le mariage peut, dans ce cas, être célébré quinze jours francs écoulés après cette notification.

2° *S'ils sont morts :*
Leurs *Actes de décès.*

3° *S'ils sont absents (c'est-à-dire disparus) :*
— Le *jugement* qui déclaré l'*absence ;*
— A défaut, un *Acte de Notoriété* dressé par le *Juge de paix du dernier domicile.*

4° *S'ils sont dans l'impossibilité de consentir valablement :*

La Mairie indiquera les pièces nécessaires, suivant les causes de cette impossibilité.

§ III. — JUSQU'A 21 ANS

Outre les pièces indiquées dans le § I, produire:

1° *Si les père et mère sont vivants et n'assistent pas au mariage :*
Leur *Consentement.*

2° *Si les père et mère sont décédés, absents ou incapables :*
a) Justifier de leur *décès*, de leur *absence* ou de leur *incapacité* au moyen des pièces indiquées au § II ci-dessus.
b) *Consentement* des *Aïeuls paternels et maternels.*

3° *Si tous les ascendants sont décédés ou absents :*
Outre la preuve de leur *décès* ou de leur *absence*, produire le *Consentement* donné par le *Conseil de famille* ou par le *Tribunal Civil.*

NOTA. — *Les pièces énumérées au §§ II et III doivent être remises au plus tard au moment de la fixation du mariage, c'est-à-dire quatre jours avant cette date.*

§ IV. — PIÈCES DIVERSES

Livret militaire. — *Certificat d'exemption* (jusqu'à 48 ans).

En cas d'activité : *Permission de l'autorité militaire* pour les personnes visées par le décret du 7 mars 1919.

Certificats de non-opposition des Mairies où ont lieu des publications.

Certificat du Notaire s'il y a eu contrat de mariage.

Dispenses d'âge, de parenté ou d'alliance, s'il y a lieu.

S'il y a des enfants à légitimer : — En faire la déclaration *avant* le mariage et produire le Bulletin de naissance des enfants.

POUR UN SECOND MARIAGE :

a) *Acte de décès* du précédent époux.

b) Copie de la *Transcription* du divorce.
(Ces pièces doivent être produites dès la déclaration à fin de publication).

La femme veuve ne peut se remarier que 300 *jours à compter du décès* de son précédent époux.

La femme divorcée peut se remarier *aussitôt après la transcription du jugement* ou de l'*arrêt* ayant prononcé le divorce, si toutefois il s'est écoulé 300 jours depuis l'ordonnance ayant autorisé les époux en instance de divorce à avoir des résidences séparées.

ÉTRANGERS

Les étrangers qui désirent se marier en France doivent produire un CERTIFICAT DE COUTUME, délivré par leur consul ou par les autorités de leur pays. Dans ce dernier cas, faire légaliser le document par le consulat de France. On désigne sous le nom de *Certificat de coutume* un acte officiel énumérant les conditions dans lesquelles le requérant peut contracter mariage dans son propre pays.

Les actes officiels étrangers doivent porter des timbres proportionnels français, indépendamment de tous autres timbres étrangers ;

Les pièces libellées en langue étrangère doivent être transcrites en français par un traducteur assermenté et sur papier timbré à deux francs.

La mairie donne des indications complémentaires s'il y a lieu.

§ V. — COUT DES EXTRAITS D'ACTES DE L'ÉTAT CIVIL EN FRANCE

Actes de naissance ou de *décès*	3.30	3.50	3.75
Actes de mariage ou de *transcription de divorce*	3.60	4 »	4.50

Le coût de la *publication* (y compris le certificat de non-opposition) est de 2 francs pour chacune des commune où elle doit avoir lieu ; celui des *actes de consentement* reçus par les officiers de l'état civil est de 4.75.

Ajouter à ces prix 0.15 par pièce ou acte pour frais d'envoi.

Importation des mobiliers en France

Un grand nombre d'orientaux nous demandent quelles conditions les autorités françaises imposent à l'importation en France des mobiliers usagés appartenant à des personnes qui viennent se fixer dans le pays. Nous nous sommes renseignés auprès de l'inspection des douanes qui nous a remis la notice suivante spécifiant les conditions que doivent remplir les mobiliers importés, pour bénéficier de la franchise. Ajoutons que les douanes françaises exigent pour accorder la franchise, que les mobiliers importés soient plus ou moins complets et ne comportent pas seulement des « parties » d'effets mobiliers. Nous prions les lecteurs de tenir compte de notre remarque pour s'éviter des ennuis et des surprises.

Voici le texte de la notice :

IMPORTATION DES MOBILIERS

Les objets de toute nature composant le mobilier des étrangers qui viennent s'établir en France ou des Français qui rentrent dans leur patrie, sont admissibles en franchise quand, notoirement destinés à l'usage des importateurs et de leur famille, ils portent des traces de service et à la condition que les intéressés produisent à l'appui de leur déclaration un inventaire détaillé ainsi que la justification du changement de résidence, laquelle doit consister en un certificat émanant de l'autorité municipale du lieu de départ visé par le Consul de France et revêtu du timbre de dimension français.

L'immunité s'applique à tous les objets d'ameublement, y compris les tapis et tapisseries de toute sorte, aux habillements, au linge de corps, de lit, de table et de cuisine, à la verrerie, à la vaiselle (y compris les porcelaines), aux pianos et aux autres instruments de musique, aux machines à coudre, à l'argenterie, sauf à assurer, quand il y a lieu, la perception du droit de garantie, et aux ustensiles quelconques de ménage ; en un mot à tout ce qui constitue ce mobilier, *pourvu que les objets soient en cours d'usage.* Mais ces dispositions ne sont pas applicables aux provisions de ménage, aux voitures suspendues, aux chevaux, aux harnais et aux vélocipèdes.

Les armes de chasse en cours de service faisant partie du mobilier des personnes qui viennent se fixer en France, doivent bénéficier de l'immunité.

Le Port de Marseille et son outillage

Rapport présenté à la CHAMBRE DE COMMERCE DE MARSEILLE, le 5 avril 1921, par M. EMILE LEVY, rapporteur

[*Au cours d'un récent voyage à Marseille, accompagné de M. Ancey, l'actif correspondant de l'Office Commercial français du Levant, nous nous sommes adressé à la Chambre de Commerce pour nous procurer des renseignements sur le port de la grande cité phocéenne, qui est appelé à devenir un des plus importants du monde. Le chef du secrétariat nous fit remettre le texte du remarquable rapport qui a été présenté à la séance du 5 avril 1921, par le rapporteur, M. Emile Lévy. Tout ce que nous pouvons dire de ce précieux document c'est qu'avant d'en adopter les conclusions, sur la proposition de M. Hubert Giraud, l'éminent Président de la Chambre de Commerce de Marseille, le Conseil, à l'unanimité de ses 24 membres, a voté de chaleureuses félicitations à M. Emile Lévy. En lisant les quelques extraits qui suivent, les lecteurs se rendront compte du travail de bénédictin auquel l'auteur du rapport a dû se livrer pour mener à bien sa mission*] :

RAPPORT PRÉSENTÉ A LA CHAMBRE DE COMMERCE DE MARSEILLE PAR M. EMILE LEVY

Le Port de Marseille

Jusqu'en 1853, le Vieux Port constituait à lui seul tout le port de Marseille. Dès 1835, le Conseil municipal de Marseille élaborait le premier programme d'amélioration du port, qui fut présenté en 1837, par M. l'Ingénieur en chef Montluisant. Ce programme comportait l'approfondissement du Vieux Port, la reconstruction et l'élargissement des quais, la création de ponts tournants sur le canal de la douane, l'ouverture d'une nouvelle passe pour l'entrée et la sortie des navires et l'établissement d'égouts pour conduire en dehors de la darse les eaux impures.

Par la loi du 9 août 1839, un crédit de 7.200.000 francs fut affecté à la réalisation de ce programme, auquel la Chambre de Commerce consacra en outre une somme de 800.000 francs.

Commencés en 1839, les travaux finirent en 1849. Le Bassin de la Joliette fut terminé en 1853 et coûta 16 millions. Il mettait à la disposition du commerce 22 hectares et demi de surface d'eau et 3.302 mètres de quais, dont 2.160 mètres utilisables pour les opérations d'embarquement et de débarquement.

En 1854, par la loi du 10 juin, puis par le décret d'octobre 1856, l'Etat concédait à la Ville de Marseille la création du Dock Entrepôt. La concession était donnée pour 99 ans.

De 1856 à 1863, la Compagnie du Chemin de Fer de Lyon à la Méditerranée, puis la Compagnie des Docks et Entrepôts construisirent et aménagèrent les bassins du Lazaret et d'Arenc. Enfin, en 1863, furent construits par la Compagnie des Docks, qui en avait obtenu la concession, les bassins et appareils de radoub pour lesquels une dépense de 9 millions fût faite.

Le Dock Entrepôt, dont un décret du 22 août 1860 avait agrandi le périmètre, fut livré à l'exploitation le 1er janvier 1864.

La construction du Bassin Napoléon, aujourd'hui Bassin de la Gare Maritime, fut décidée par décret du 24 août 1859 et terminée en 1883 ; ce bassin ajoutait au port de Marseille 18 hectares 17 de surface d'eau et 2.328 mètres de quais dont 2.28 utilisables pour les opérations.

Le Bassin Impérial, commencé en 1864, fut terminé en 1883 ; sa surface d'eau est de 41 hectares 85 et la longueur de ses quais de 3.919 mètres dont 3.719 utilisables.

En plus des travaux ci-dessus, les travaux suivants furent exécutés de 1875 a 1890, savoir : élargissement du quai de la digue extérieure en face du Bassin du Lazaret, la transformation du môle d'Arenc en traverse, l'achèvement de l'avant-port Nord, la construction de nouvelles formes de radoub.

La construction du Bassin de la Pinède, du Nord du Bassin National, autorisée par la loi du 17 juillet 1893, commencée en 1897, dura une dizaine d'années.

Le Bassin de la Madrague, plus tard appelé Bassin du Président Wilson, inaugure dans notre port les môles obliques. Ce bassin, qui n'est pas terminé, coûtera plus de 37 millions et donnera une longueur de quais utilisables de 2.584 mètres. Le Bassin Mirabeau a été voté par le Parlement fin 1919.

Améliorer notre port, le mettre plus à même de répondre à un trafic toujours plus intense, telle est la préoccupation constante de notre Chambre de Commerce, qui, secondée par le service des Ponts et Chaussées, ne recule devant aucun sacrifice. C'est ainsi que pour le Vieux Port notre Chambre avait envisagé son utilisation commerciale et prévu une série de grands travaux destinés à augmenter la puissance de notre port et à apporter aux œuvres déjà existants toutes les modifications et toutes les améliorations compatibles.

Création de l'outillage de la Chambre de Commerce de Marseille

Il a fallu six années de lutte à la Chambre de Commerce de Marseille, de 1875 à 1881, pour obtenir l'autorisation de créer un outillage et des hangars sur les quais.

Six années de lutte menée par des hommes de haute valeur qui n'avaient comme buts que l'intérêt général et la grandeur du port de Marseille et qui ont tous mérité de leur ville et de leur patrie.

Le 7 juillet 1881 parut le décret autorisant la Chambre de Commerce de Marseille à établir et à administrer des hangars publics sur les quais des bassins de la Gare Maritime et du Bassin National.

Dès le 23 avril 1881, la Chambre de Commerce avait délégué son Président, M. Cyprien Fabre, et deux membres, MM. Demetrius Agelasto et Alexis Grawitz, ainsi que M. l'Ingénieur en chef du Service Maritime, Guérard, avec mission de visiter les grands ports du Nord et d'étudier l'aménagement de leurs quais. Pendant deux mois la délégation visita : Le Havre, les principaux ports anglais ; ceux d'Anvers, Rotterdam et Amsterdam. La délégation, dans un rapport fort intéressant proposa d'installer :

1° Une voie de grues hydrauliques mobiles, bord à quai.

2° Une voie ferrée courant entre la voie des grues et les hangars, pour permettre aux marchandises d'être mises directement du navire sur le wagon ou du wagon sur le navire.

3° Des hangars très hauts, bien éclairés par de grands vitrages au sommet des deux pentes et sans colonnes dans l'intérieur pour ne pas gêner les opérations, et une série d'autres travaux complémentaires.

La création de l'outillage de la Chambre de Commerce eut, entre tous les avantages, celui de créer la concurrence pour la manutention des marchandises et cela pour le plus grand profit du Commerce. Avec une activité inlassable, la Chambre de Com-

merce, toujours préoccupée de faire face à l'extension économique que la ville de Marseille était nécessairement appelée à prendre, poursuivit et poursuit encore la mission la plus louable, la plus méritoire, la plus patriotique qui soit. Il ne se passe presque pas d'année sans que des perfectionnements importants, des améliorations radicales ne soient apportés à l'outillage et à toutes les installations qui font partie du port de la grande cité phocéenne.

Dans un intéressant rapport sur le fonctionnement des ports de commerce français, M. le député Crolard donne la définition suivante : « Un port maritime est un établissement industriel et commercial construit, exploité et administré en vue de recevoir rapidement les navires de mer qui portent des voyageurs ou des marchandises, de les mettre à terre dans le moindre délai, d'assurer la reconnaissance et la conservation momentanée des marchandises et, dans une certaine mesure, l'entrepôt, d'en permettre l'évacuation vers l'intérieur du pays avec une vitesse au moins égale à celle des réceptions par la voie de mer. »

Un grand port maritime qui veut conserver son rang, augmenter son trafic, être tête de ligne de services postaux, doit donner à l'armement et au commerce toutes les facultés pour progresser. Aucun détail de l'outillage ne doit être négligé, il doit avoir :

1° Des accès faciles ;

2° Des bassins et des quais suffisants pour qu'un navire entrant dans le port puisse toujours trouver une place à quai pour faire ses opérations ; on doit créer, si le besoin s'en fait sentir, des constructions économiques et rapides telles que : estacades, piers, wharfs, duc d'Albe, à l'exclusion des quais pleins, partout où les conditions techniques le permettront ;

3° Des hangars à étages munis d'un outillage perfectionné ;

4° Des engins de levage puissants et modernes et des appareils facilitant la manipulation rapide dans les hangars, et ce avec le minimum de main-d'œuvre ;

Téléphone 47,83 — Télégram : BENVENISTELIE — Lieber code

Comptoir Benveniste

Société Anonyme Commerciale et Industrielle au Capital de 1.000.000 de francs entièrement versé

Siège social à MARSEILLE
5, rue Paradis

Importation et Exportation

RIZ, CAFÉS, SUCRE, LÉGUMES SECS, HUILES ALIMENTAIRES

Usine : Rizerie Nouvelle, Brulerie des Docks Marseillais, Fabrique de glaçage des cafés

---

Télegram : *NEHAMANY* — *Téléphone :* *47-82*

Dany Nehama

Import - Export
Commission
Tous articles alimentaires

5, rue Paradis, MARSEILLE
8, rue Victor-Hugo, SALONIQUE

Téléphone 50,26

David Bloch & Naar

Courtiers
Représentants

27, Cours Lieutaud
MARSEILLE

Télégram : PASSALCO — Téléphone 47,86

P. Assaël, G. Hanania & Cie

DENRÉES COLONIALES
SUCRES — CAFÉS — RIZ

18, r. du Jeune Anacharsis, MARSEILLE

5° Un matériel flottant d'allèges suppléant dans certains cas aux quais et à leur outillage, permettant ainsi les transbordements de quais à navires, d'un bassin à un autre ;

6° Des bassins de carénage et de radoub de dimensions suffisantes pour les grands navires et à tarifs non prohibitifs ; des bassins à flot à double entrée et à diaphragmes et des formes flottantes ;

7° Des quais de réparations à flot et des points de démolition de navires à flot et à sec ; des places à quai pour les dites réparations, munies d'un outillage approprié, tels que électricité, air comprimé, chemins de roulement, appareils de manutention, appareils producteurs de gaz pour soudures autogènes, etc., etc. ;

8° Un éclairage intensif pour le travail de nuit ;

9° Des prix modérés de manutention des marchandises ;

10° La création de moyens de dégagement pour le prompt enlèvement de la marchandise et son transfert aux entrepôts, la création et l'amélioration des routes et canaux qui transportent la dite marchandise vers l'intérieur, etc. ;

11° Une bonne disjonction de tous les monopoles et privilèges susceptibles de nuire, au bénéfice d'un petit nombre, à l'intérêt général et d'arrêter ou d'entraver le développement du port ;

13° La création de zones franches ;

14° Il est indispensable qu'un grand port soit doté d'une police spéciale qui, en assurant l'exécution des règlements, veillera à la sécurité des personnes et des marchandises. De même, il faut avoir une organisation pour lutter contre l'incendie, aussi bien par mer que par terre.

Voulant que le port de Marseille conserve sa place, c'est-à-dire qu'il soit un des premiers parmi les plus grands ports du monde nous veillons à ce que son utillage soit toujours en rapport avec son trafic et avec les progrès de l'industrie.

C'est d'ailleurs l'avis du Gouvernement.

En effet, à la date du 30 novembre 1919, M. le Ministre des Travaux publics, des Transports et de

la Marine marchande adressait à l'Ingénieur en chef des services maritimes la lettre suivante :

« Pour faire face à ses obligations financières d'après-guerre, la France devra développer considérablement ses échanges avec les pays d'outre-mer et en particulier faire les plus grands efforts en vue de faciliter ses exportations et d'attirer le plus grand nombre de voyageurs et d'étrangers. Dans ce but, les grands réseaux et les Compagnies de Navigation doivent sans perdre un seul instant, améliorer non seulement les services de transport proprement dits, mais encore s'efforcer de réaliser avec le plus grand soin la soudure à établir dans les ports entre le chemin de fer et la navigation maritime.

« Parmi tous nos ports de commerce, celui de Marseille doit particulièrement retenir l'attention ; Marseille sert en effet de tête de ligne à une grande quantité de services réguliers de paquebots vers l'Extrême-Orient, les Indes, Madagascar, l'Amérique du Sud, et surtout vers notre Afrique du Nord dont l'aide économique peut être si utile à la métropole.

« L'essor de cette France africaine sera facilité dans une grande mesure par les aménagements qui seront créés à Marseille pour la réception aisée et confortable des voyageurs et la manutention rapide des nombreux colis de primeurs et de messageries qu'elle nous envoie.

«Il faut que tous les trains de passagers puissent arriver à bord de quai, que les voyageurs trouvent au moment du débarquement et de l'embarquement des salles d'attente, buffets, etc., très propres, que les gares maritimes (voies, bâtiments, outillage) soient traitées suivant les méthodes modernes adoptées dans les ports étrangers, très bien outillés. Il faut aussi exécuter les travaux nécessaires pour que les quais soient reliés au réseau général des voies ferrées des ports par des aiguilles et non par des plaques tournantes. »

Cette lettre trace un véritable programme que nous sommes en train de réaliser, car la guerre a démontré qu'une puissante marine marchande est indispensable à la prospérité de la France. Or, une

marine marchande comme celle qui nous est nécessaire a besoin de ports vastes et bien outillés. Il faut donc travailler, afin de doter notre pays d'une flotte qui nous permette de ne plus être tributaires de l'étranger, de ports et d'un outillage qui répondent à tous les besoins.

Télégraphie sans fil

En novembre 1917, la Chambre de Commerce a voté un crédit de 75.000 francs pour le transfert du poste de T.S.F. de la Marine et son installation définitive dans un batiment de l'Etat, situé sur le quai du large du Bassin de la Gare maritime, un peu au Sud de la traverse de l'Abattoir.

La portée de ce nouveau poste est de 200 milles. En outre, dans le cours de l'année 1918, la Marine a installé près du phare Sainte-Marie, à l'extrémité Sud de la jetée, un radiogoniomètre permettant de répérer d'une façon exacte la direction dans laquelle se fait une émission de T. S. F., et d'indiquer la route à suivre aux navires perdus dans la brume. Fin 1919, l'Administration des P.T.T. a pris possession du poste de T. S. F. et en assure l'exploitation.

Canal de Marseille au Rhône

C'est à l'initiative de la Chambre de Commerce de Marseille que l'on devra le Canal de Marseille au Rhône, qui établit la jonction de Marseille au Rhône et met notre port en communication avec tout l'Est, et le Nord de la France avec la Suisse et l'Europe centrale.

Le Canal de Marseille au Rhône a son origine dans le port de Marseille et suit le rivage de la mer jusqu'au port de la Laye, un peu au delà de l'Estaque. Il traverse en ligne droite la chaîne du Rove par un souterrain de sept kilomètres de longueur, puis longe la rive sud des étangs de Bolmon et de Berre, jusqu'à Martigues. Au delà, il emprunte le canal maritime de Bouc à Martigues jusqu'à Port-

de-Bouc et le canal d'Arles à Bouc jusqu'à Arles, où se fait la jonction avec le Rhône par l'intermédiaire d'une écluse.

Sur tout son parcours, qui est de 81 kilomètres, le canal est au niveau de la mer. L'écluse d'Arles rachète la différence de niveau entre la mer et le Rhône, différence qui est de 7 m. 16 en hautes eaux et de 0 m. 60 en basses eaux. La longueur utile de cette écluse est de 160 mètres et sa largeur de 16 mètres.

En voie courante, le canal a une largeur de 25 mètres, mesurée à 2 mètres au-dessus du plan d'eau. Dans les sections rétrécies, cette largeur se réduit à 18 mètres.

La profondeur d'eau est de 3 mètres entre Marseille et Port-de-Bouc, et de 2 m. 50 entre Port-de-Bouc et Arles.

En prévision d'un approfondissement ultérieur à (—4.00) de la section Marseille-Port-de-Bouc, le souterrain du Rove sera de suite creusé à 4 mètres au-dessous de zéro. Quand à la section Port-de-Bouc-Arles, elle pourra être creusée, le moment venu, de façon à permettre la circulation des chalands pouvant franchir l'écluse d'Arles dont le seuil est à (—3.00).

Travaux exécutés et à poursuivre. — Le canal a été divisé en deux sections : l'une, Marseille-Port-de-Bouc, rattachée aux ports maritimes ; l'autre, Port-de-Bouc-Arles, dépendant de la navigation intérieure.

Section maritime. — Le principal travail de cette section est le souterrain du Rove, confié à M. Chagnaud, entrepreneur.

La situation d'avancement fin 1919 est la suivante :

Longueur totale	7.200 mètres
La voûte est construite sur..	5.200 mètres

dont 4.600 mètres côté Marseille et 600 mètres côté Berre.

Le déblaiement du noyau central est exécuté sur 3.000 mètres côté Marseille.

Le creusement de la cuvette n'est qu'ébauché du côte Sud.

La grande tranchée de Gignac, qui fait suite au souterrain du Rove, est exécutée aux trois quarts (900.00 mètres cubes sur 1.200.000).

En dehors de ce travail, n'ont été exécutées que les digues de l'étang de Berre, entre l'étang de Bolmon et Martigues, ainsi que les culées du pont de Jaï, séparant l'étang de Bolmon de l'étang de Berre.

Pour terminer la section maritime, il faut achever les travaux du souterrain, construire le bassin de garage de Marignane, le tablier en béton armé du pont du Jaï, faire des dragages dans l'étang de Bolmon, des dragages et dérochements dans l'étang de Berre, entre la Mède et Martigues, et enfin exéter la traversée de Martigues dont le projet est soumis à l'Administration supérieure.

Date d'achèvement du Canal. — Avant la guerre, en 1913, on envisageait qu'en cinq ou six années tout serait terminé.

Le grand souterrain du Rove devait être achevé fin 1918.

En 1920, le souterrain est à moitié exécuté seulement, et il faut compter cinq années pour son achèvement.

Les plans du Canal de Marseille au Rhône ont été établis par M. l'Ingénieur en chef Bourgougnon, qui présida jusqu'en 1913 à l'exécution des travaux. Depuis cette date c'est M. l'Ingénieur en chef Bazault, qui, surmontant toutes les difficultés amoncelées par l'état de guerre, a continué l'œuvre grandiose qu'est le tunnel du Rove et le canal qui dans l'avenir sont appelés à rendre de si grands services.

Mesures de sécurité dans le port. Police des ports.

En 1914 la Chambre de Commerce, soucieuse d'assurer la sécurité de notre port, avait décidé la création d'une police spéciale des ports et avait dans ce but pris l'engagement de verser, à titre de fonds

Hôtel Lesbos

Christos Aradipiotes

: Commission :

Représentation

Voyage Mondial

3, rue Beauvau

MARSEILLE

Grand Hôtel Miramar

sur le parcours de la gare aux bateaux

1, Boulevard des Dames

MARSEILLE

ENTIÈREMENT REMIS A NEUF

Chambres confortables - Petits déjeûners

de concours à l'Etat, la somme annuelle de 19.200 francs, représentant le traitement moyen de huit agents de la police spéciale à créer dans les ports;

De verser également à l'Etat les sommes nécessaires pour les dépenses d'équipement de secours, primes, gratifications, concernant le personnel ; de mettre à la disposition de la dite police spéciale un canot automobile ; et ce aussi longtemps qu'il serait nécessaire pour assurer le bon fonctionnement de ce service.

La guerre empêcha pendant deux ans la réalisation des mesures prévues ci-dessus, mais la Chambre de Commerce finit par surmonter les obstacles qui s'opposaient à cette organisation, et depuis le 1er août 1916 le nouveau service de police des quais fonctionne normalement. Seule l'acquisition du canot automobile a dû être ajournée.

Cependant cette police étant notoirement insuffisante, notre Compagnie, toujours en première ligne quand il s'agit de sauvegarder les intérêts vitaux du port de Marseille, jugea qu'il appartenait, avec l'aide des principales corporations vivant de l'industrie maritime, de donner à la police des ports toute l'extension désirable.

A la suite d'une réunion à laquelle assistaient les délégués des Syndicats des Entrepreneurs de Manutention de la Marine marchande, des Agents et Consignataires de navires et des Importateurs de charbon, le Président de la Chambre de Commerce, après avoir exposé les sacrifices pécuniaires que la Chambre était disposée à faire pour la création envisagée de cent nouveaux emplois d'agents de police et le renforcement du corps des pompiers, obtint que, sur une dépense annuelle prévue de 1.600.000 francs, 600.000 francs seraient pris en charge par les quatre Syndicats désignés, et ces 600.000 francs furent répartis comme suit : 300.000 francs pour les acconiers et 100.000 francs pour chacun des autres groupements.

La police des ports, telle qu'elle a été votée par la Chambre de Commerce dans sa séance du 12 juillet 1920, comprend :

100 agents, 20 inspecteurs (14 inspecteurs, 24 brigadiers, 2 brigadiers et 2 secrétaires) ; 5 inspecteurs principaux ; 2 commissaires adjoints ; 1 commissaire spécial.

La dépense du personnel représente 900.000 frs.

Les frais de bureau, l'entretien et le fonctionnement de deux vedettes automobiles représentent 60.000 francs, soit pour la police une dépense annuelle de 960.000 francs.

De plus, une somme de 100.000 francs est votée pour dépense de premier établissement (acquisition de deux vedettes automobiles à raison de 50.000 francs l'une).

Incendie

En ce qui concerne l'incendie, les mesures suivantes furent adoptées par la Chambre de Commerce :

L'effectif des hommes affectés au service de défense de nos quais serait porté de 20 à 70 sapeurs, et les cadres les commandant seraient ainsi constitués :

1 capitaine ; 1 lieutenant ; 1 sous-lieutenant ; 1 adjudant ; 1 sergent-major ; 4 sergents et 8 caporaux.

Le personnel total serait donc de 87 unités, et la participation de la Chambre de Commerce pour l'entretien de cette compagnie serait annuellement de 600.000 francs.

Ce nouvel effectif, entièrement réservé pour le service des ports, est incorporé dans le bataillon des sapeurs-pompiers de la Ville de Marseille, pour pouvoir bénéficier des avantages du commandement supérieur.

Pour compléter l'organisation de défense contre l'incendie il a été décidé que les pompiers seraient répartis dans trois postes, situés :

1° Grande Bigue ; 2° Traverse du Président-Wilson ; 3° Quai du large, traverse de l'Abattoir et que la Chambre mettrait à la disposition du commandant des sapeurs-pompiers un matériel supplétaire, comprenant :

1° Une auto-pompe ; 2° Six moto-pompes ; 3° Des extincteurs chimiques et 4° Un réseau et des postes d'avertisseurs d'incendie qui donneront leurs indications à la caserne centrale au poste de la Mairie, de la Joliette et aux trois postes de secteur.

La dépense prévue pour l'achat du nouveau matériel et la construction de deux postes s'élève à 660.000 francs.

Le port de Marseille va donc se trouver muni d'une police et d'un service de pompiers en rapport avec son importance.

Comme complément aux mesures de sécurité prises par la Chambre de Commerce, M. le Préfet des Bouches-du-Rhône a pris, le 15 juillet 1920, un arrêté interdisant le grappinage et supprimant les autorisations données aux balibali.

Cet arrêté met fin à une série d'abus qui étaient indignes de notre grand port.

Emile LEVY,
Rapporteur de la Chambre de Commerce de Marseille.

TAXES DE PÉAGES DU PORT DE MARSEILLE

Nous reproduisons ci-après le texte du dernier en date des décrets ministériels autorisant la Chambre de Commerce de Marseille à percevoir sur les navires, sur les voyageurs, et sur les marchandises qui empruntent le Port de Marseille les taxes édictées par le gouvernement et qui sont actuellement en vigueur :

MINISTÈRE DU COMMERCE ET DE L'INDUSTRIE

Le Président de la République française,

Sur le rapport du Ministre du Commerce et de l'Industrie ;

Vu la loi du 9 avril 1898 sur les Chambres de Commerce ;

Vu l'article 16 de la loi du 7 avril 1902 sur la marine marchande ;

Vu l'article 57 de la loi de finances du 31 juillet 1920 ;

Vu les décrets des 18 juillet 1906, 5 octobre 1920, 19 mai 1921 et la loi du 24 octobre 1919, qui ont instituée des péages au Port de Marseille, au profit de la Chambre de Commerce de cette ville ;

Vu la délibération, en date du 21 juin 1921, par laquelle la Chambre de Commerce de Marseille a sollicité le relèvement provisoire des péages actuellement perçus à son profit sur les navires, les voyageurs et les marchandises, en vertu des actes précités ;

Vu l'avis du ministre des travaux publics en date du 23 juillet 1921 ;

Vu l'avis de la commission permanente d'enquête du port de Marseille, en date du 24 juin 19[illegible] ;

DECRETE :

Art. 1er. — A partir de la publication du présent décret, les péages perçus actuellement au port de

Marseille, sur les navires, les voyageurs et les marchandises, en vertu des décrets des 18 juillet 1906, 5 octobre 1920, 19 mai 1921 et de la loi du 24 octobre 1919, sont remplacés par les suivants :

I. — TAXE SUR LES NAVIRES

Un franc cinquante centimes par tonneau de jauge nette légale, sur tous les navires français ou étrangers entrant chargés ou venant prendre charge dans le port, à l'exception des navires appartenant à l'Etat ou affectés à son service, qui n'effectuent que les transports rentrant dans le cadre normal des attributions de la puissance publique, des navires affectés au pilotage, au remorquage, à la pêche côtière, au bornage ou cabotage (Algérie non comprise), des navires en relâche ou ne se livrant à aucune opération de commerce, des bateaux de navigation intérieure et des navires qui, au cours d'une même année, entre le 1er janvier et le 31 décembre, auront déjà payé trois fois le péage.

II. — TAXE SUR LES VOYAGEURS
embarqués ou débarqués

a) Voyageurs de 1re, 2e et 3e classe :

En provenance ou à destination de l'Algérie, de la Tunisie ou du Maroc, 5 frs par tête ;

En provenance ou à destination des ports de tous les pays du bassin de la Méditerranée autres que la France, l'Algérie, la Tunisie et le Maroc, 20 frs par tête ;

En provenance ou à destination des ports de tous les pays situés au delà du canal de Suez et du détroit de Gibraltar, 30 frs par tête ;

b) Militaires français et émigrants (4e classe et pont) :

En provenance ou à destination des ports de l'Algérie, de la Tunisie ou du Maroc, 1 fr. par tête ;

En provenance ou à destination de pays autres que la France, l'Algérie, la Tunisie et le Maroc, 5 frs par tête.

III. — PEAGES SUR LES MARCHANDISES

Péages applicables à toutes les marchandises entrant par mer dans le port et devant être payés par le destinataire, déclarant en détail de la marchandise en douane :

Par colis, pour les marchandises en futailles, caisses ou autres emballages, 50 centimes.

Par 1.000 kgr. pour les marchandises en vrac, 1 fr.

Par tête pour les animaux vivants ou abattus des espèces chevaline, bovine, ovine, caprine ou porcine, 50 centimes.

Sont exempts de ces péages, les marchandises appartenant à l'Etat ou destinées à son service en vertu des marchés passés par lui ; les colis postaux, les marchandises introduites sous le régime du cabotage, entre ports français, (Algérie non comprise).

Art. 2. — Par application des dispositions de l'article 57 de la loi de finances du 31 juillet 1920, les taxes ci-dessus ne pourront être perçues pendant plus d'une année à partir de la date du présent décret si, dans l'intervalle, elles n'ont pas été homologuées dans les formes prévues à l'article 16 de la loi du 7 avril 1902 sur la marine marchande.

Art. 3. — Le Ministre du Commerce et de l'Industrie est chargé de l'exécution du présent décret, qui sera publié au *Journal Officiel* de la République Française et inséré au *Bulletin des Lois.*

Fait à Rambouillet, le 11 août 1921.

A Millerand.

Par le Président de la République,

Le Ministre du Commerce et de l'Industrie,

Lucien Dior.

MARSEILLE - LYON

De toutes les régions économiques françaises qui ont des relations d'affaires suivies avec le Levant, celles de Marseille et de Lyon sont incontestablement les plus importantes. Marseille est le port d'embarquement et de débarquement des produits destinés à tout le Levant ou en venant. Lyon est le premier centre soyeux du monde et l'on sait que de tous les tissus, les orientaux, en l'espèce les orientales ont un faible pour les soieries.

Nous avons pu faire cette année un très court séjour à Marseille où nous avons recueilli des données sommaires sur les maisons qui travaillent avec et pour l'Orient. On en trouvera ci-après les adresses qui seront dûment complétées dans l'édition 1923 du *Guide Sam* qui contiendra aussi une étude relative au commerce de Marseille avec le Levant. Quant à Lyon où nous avons fait une simple apparition, M. Aublé, le très actif directeur de l'agence régionale des Conseillers du Commerce Extérieur, nous a mis en contact avec le secrétariat général de la Chambre de Commerce. Celle-ci nous a fourni la liste des divers Chambres Syndicales lyonnaises qui se sont constituées en une vaste Union.

L'Union des Chambres Syndicales lyonnaises est, à Lyon, le correspondant officiel des offices du commerce extérieur et tient à la disposition des intéressés toutes les communications et toute la documentation qu'elle reçoit des divers bureaux des offices. Dans les tableaux joints à cette notice on trouvera la composition officielle des syndicats lyonnais qui font partie de l'Union. L'année prochaine nous publierons la liste détaillée, par ordre alphabétique et professionnel, des membres des divers syndicats qui entretiennent déjà ou veulent nouer des relations d'affaires avec les pays du Levant dont nous nous occupons spécialement.

NOTA : — *LA Foire de Lyon* fera en 1923, l'objet d'une étude circonstanciée dans le *Guide Sam*.

COMPOSITION

de l'Union des Chambres Syndicales Lyonnaises

Bureau

Président M. H. CHAMONARD, 9, rue de l'Arbre-Sec.

Vice-Présidents MM. P. LECLAIRE, 14, rue Bellecordière.
Et. PELLETIER, 7, r. de la République.
T. ROBATEL, 59-69, ch. de Baraban.

Trésorier honoraire M. C. JOSSERAND, 21, r. de Bourgogne.

Trésorier M. Cl. DESBAVAUD, 17, rue Sébastopol.

Trésorier adjoint M. A. CELLE, 99, rue Ney.

Secrétaires MM. L. SIVET, 5, rue Bugeaud.
Ph. RIVOIRE, 16, rue d'Algérie.
MARCHAL, 12, rue Croix-Jordan.

A. — ALIMENTATION

Bestiaux (Négociants et Commissionnaires en), 30, chemin de Saint-Just à Saint-Simon. — Président : M. G. Duminzeau, 109, rue Marietton.

Brasseries des régions du Centre et du Sud-Est, 26, cours de Verdun. — Président et délégué : M. S. G. Radisson, 33, quai de Cuire, à Caluire-et-Cuire.

Brûleurs Marchands de cafés de Lyon. — Président et délégué : M. Voisin, 60, cours de la Liberté, Lyon.

Denrées coloniales et Epicerie en gros, 9, rue Lanterne. — Président : M. Brésard-Neel, 2, place de la Miséricorde.

Epicerie lyonnaise, 1, place des Terreaux. — Président : M. O. Rambaud, 114, rue de Vendôme ; délégué : M. L. Sivet ; délégué adjoint : M. Essertier, 36, grande rue de la Croix-Rousse.

Fruits et primeurs (Commissionnaires en) *de la Ville de Lyon*, 30, quai Saint-Antoine. — Président : M. P. Brun, 37, quai Saint-Antoine, Lyon.

Grains et Fourrages, au Palais du Commerce, place de la Bourse. — Président : M. Bouvard, 37, rue du Bélier ; délégué : M. Pétrat, 11, quai de Bondy.

Huileries du Centre. — Président et délégué : M. Lagier, 16, route de Crémieu.

Liqueurs et Alcools (Négociants en gros), 3, rue Sainte-Marie-des-Terreaux. — Président et délégué : M. A. Brunier, 140, cours Lafayette ; délégué adjoint : M. Weisch, 24, rue des Remparts-d'Ainay.

Maisons et Sociétés d'Alimentation et d'Approvisionnement à succursales multiples (Syndicat lyonnais des), 2, rue du Bât-d'Argent. — Président : M. Festor, chemin de la Motte.

Meunerie. — Président et délégué : M. Bonnet, 10, rue Emile-Decorps, Villeurbanne ; délégué adj. : M. [illegible], à Lyon.

Pâtes alimentaires, 9, rue Lanterne. — Président et délégué : M. Vincent, 24, rue de Sully ; délégué adjoint : M. Harlaut, 19, montée des Carmélites.

Vins et Spiritueux, 33, rue Centrale. — Président et délégué : M. Forêt, 164, grande rue de la Guillotière.

B. — BATIMENT ET INDUSTRIES ANNEXES

Ameublement, 72, rue Pierre-Corneille. — Président : M. Guinochet, 77, rue Neuve ; délégué : M. J. Reynier, 11, rue Emile-Zola.

Bois (Commerce des), 72, rue Pierre-Corneille. — Président : M. Hérillier, 28, rue de Paris ; délégué : M. P. Grandclément, 9, rue de la Buire.

Chaux hydrauliques et Ciments (Fabricants de), 6, place Rouville. — Président : M. Coulbes, 9, place de l'Abondance ; délégué : M. Rousset, 6, place Rouville.

Entrepreneurs de bâtiment, 8, rue des Archers. — Président : M. Clet, 87, chemin de Gerland ; délégué : M. Marchal, 12, rue Croix-Jordan.

Fers, métaux, machines-outils et ferronnerie (Commerce des), 1, rue du Bât-d'Argent. — Président : M. C. Caillaud, 5, rue du Général-Plessier ; délégué : M. J. Manbes, 2, chemin de Josaphat ; délégué adjoint : M. Fayet, 2, rue de la Monnaie.

Industries métallurgiques et connexes, 34, rue Molière. — Président : M. Weitz, 111, chemin des Culattes ; délégué : M. Robatel, 59-69, chemin de Baraban.

Producteurs et Distributeurs de gaz et d'Electricité du Sud-Est (Syndicat des), 48, rue de la Bourse. — Président : M. Boulan, 3, quai des Célestins ; délégué : M. Berne, 37, rue de la République.

Propriétés immobilières, 72, rue Pierre-Corneille. — Président : M. Martin, 7, rue Bonnel ; délégué : M. Richoux, 229, avenue de Saxe.

-o- GLYCODONT, ROI DES DENTIFRICES -o-

Union des Chambres Syndicales Lyonnaises

C. — VÊTEMENT

Chapellerie de Lyon et de la région (*Fabricants de*), 2, rue de la Poulaillerie. — Président et délégué : M. Cottier, 63, rue d'Alsace, Villeurbanne.

Chemises et Lingerie en gros, 2, rue de la Poulaillerie. — Président et délégué : M. Martin-Bernais, 22, rue Molière ; délégué adjoint : M. V. Rossi, 162, grande rue de la Guillotière.

Chaussures et tiges (*Fabricants de*), 2, rue de la Poulaillerie. — Président et délégué : M. Cl. Guérayaud, 17, rue Sébastopol ; délégué adjoint : M. Richoud, 65, rue Bellecombe.

Confectionneurs ouvriers de vêtements pour hommes et enfants, 2, rue de la Poulaillerie. — Président et délégué : M. Neyret, 12, place Sugar-Quinet.

Corsets (*Fabricants de*), 2, rue de la Poulaillerie. — Président et délégué : M. Léouzon, 104, rue de Sèze.

Cuirs et Peaux (*Industrie des*), 16, rue de la République. — Président : M. Vourloud, aux Tanneries lyonnaises, Oullins ; délégué : M. Rigollet, 4, quai des Etroits.

Fabricants et Négociants de fleurs, plumes, chapeaux et fournitures pour modes. — Président et délégué : M. Rubin, 78, rue de l'Hôtel-de-Ville.

Fourreurs et Pelletiers, 13, rue Puits-Gaillot. — Président et délégué : M. Kohn, 23, quai de Retz.

Maisons de Nouveautés, 1, rue Bât-d'Argent. — Président et délégué : M. Pariset, directeur du Grand Bazar, 31, rue de la République.

Négociants, 2, rue de la Poulaillerie. — Président et délégué : M. A. Celle, 99, rue Ney.

D. — TEXTILES ET BANQUE

Acheteurs de soieries pour la France et l'Exportation, 1, rue du Bât-d'Argent. — Président et délégué : M. G. Tresca, 17, rue Bât-d'Argent.

Banque et Bourse. — Président : M. Ch. Guérin, 31, rue Puits-Gaillot ; délégué : M. Dumenge, 50, rue de l'Hôtel-de-Ville.

Brodeurs, Ajoureurs et Ourleurs, 8, rue Sainte-Catherine. — Président et délégué : M. Gelpi, 19, place Tolozan.

Courtiers en soie. — Président : M. O. Testenoire, 29, rue Puits-Gaillot ; délégué : M. Ed. Helmreich, 3, quai de Retz.

Fabricants de soieries, 21, rue d'Alsace-Lorraine. — Président : M. Paule, 24, place Tolozan ; délégué : M. Et. Pelletier, 7, rue de la République ; délégué adjoint : M. Porte, 16, rue Romarin.

Filateurs de schappe et bourrette de France. — Président : M. A. Franc ; délégués : M. R. Franc, 1, quai Jules-Courmont, et M. Villard.

Importateurs de tissus asiatiques, 1, rue Bât-d'Argent. — Président : M. Blanc, 12, rue Royale ; délégué : M. Delaye, 9, quai Saint-Clair.

Maîtres teinturiers de Lyon et de la région, 6, cours Emile Zola, Villeurbanne. — Président et délégué : M. J. Grison, 5, rue Sylvestre, Villeurbanne ; délégué adjoint : M. B. Ellat.

Marchands de soie de Lyon, 29, rue Puits-Gaillot. — Président : M. Louis Guérin, 31, rue Puits-Gaillot ; délégué : M. H. Chamonard, 9, rue de l'Arbre-Sec ; délégué adjoint : M. A. Testenoire, 13, rue du Griffon.

Négociants et Représentants en cotons et laines filés, 1, rue Bât-d'Argent. — Président et délégué : M. V. Le Gros, 3, place des Capucins ; délégué adjoint : M. Dufour, 17, rue Sainte-Catherine.

Teinturiers, Apprêteurs et Imprimeurs d'étoffes, 25, place de la Comédie. — Président : M. Cl. Bunand, 89, rue Magenta, Villeurbanne.

E. — INDUSTRIES ET COMMERCES DIVERS

Automobiles (*Négociants en*) *de Lyon et de la région*, 1, rue Bât-d'Argent. — Président : M. Lambrechts, 56, avenue de Noailles ; délégué : M. Gaucherand, 72, rue Molière.

Bijoutiers, Horlogers et Orfèvres, 27, rue Tupin. — Président et délégué : M. G. Combet, 11, rue Chavanne.

Blanchisserie et Buanderie de France (*Syndicat général de la*), 8, place Raspail. — Président : M. Crayssac, 9, cours Tolstoï.

Carrossiers, Charrons, Selliers, Bourreliers, Peintres et toutes industries se rattachant à la voiture, 72, rue Pierre-Corneille. — Président : M. Maupeu, 91, grande rue de Monplaisir.

Cycles et Automobiles (*Commissionnaires en pièces détachées pour*). — Président : M. J. Abel, 2, place Sathonay.

Charbons en gros (*Commerce des*), 1, rue Bât-d'Argent. — Président et délégué : M. R. Streichenberger, 71, quai Tilsitt.

Droguerie pharmaceutique de la région lyonnaise. — Président et délégué : M. Fromont, 91, rue Marietton ; délégué adjoint : M. de Poumeyrol, 157, grande rue Saint-Clair. —

Emballeurs (*Patrons*), 1, rue Bât-d'Argent. — Président et délégué : M. David, 25, place de la Comédie.

Entrepreneurs de transports, 72, rue Pierre-Corneille. — Président : M. Bressaud, 112, rue Corne-de-Cerf ; délégué : M. Cl. Chemin, 72, rue Sébastopol.

Entrepreneurs de transports terrestres et maritimes (*Syndicat lyonnais des*). — Président : M. Cochet, 7, place des Terreaux ; délégué : M. Charvet, 3, quai Saint-Clair.

Fabricants de caisses de la Ville de Lyon. — Président et délégué : M. Claudy, quai de l'Industrie, Lyon-Vaise ; délégué adjoint : M. Lalond, 54, cours de la République, Villeurbanne.

Horticulteurs, 55, rue Villon. — Président : M. Jacquier, 1, rue des Tuiliers ; délégué : M. Ph. Rivoire, 16, rue d'Algérie.

Huiles et Graisses industrielles de Lyon (*Chambre syndicale des*). — Président : M. Claudy, 92, rue Neuve-des-Charpennes.

Imprimerie, 3, rue Sainte-Marie-des-Terreaux. — Président et délégué : M. P. Legendre, 14, rue Bellecordière.

Marchands et Fabricants papetiers. — Président et délégué : M. Borgey, 22, rue Royale.

Papiers en gros (*Commerce des*). — Président et délégué : M. Alibaux, 78, rue Molière.

Parfumerie, 15, boul. des Belges. — Président : M. Laurent Vibert, 89, avenue Berthelot.

Pharmaciens du Rhône (*Syndicat des*). — Président : M. Bonnet, 5, rue Pierre-Blanc ; délégué : M. Patel, 7, rue de la Fromagerie.

Syndicat Commercial et Industriel (*Produits chimiques, denrées coloniales, stéarinerie, etc.*), 9, rue Lanterne. — Président : M. Burelle, 20, rue Gasparin ; délégué : M. A. Radisson, 60, chemin de Gerland.

Syndicat lyonnais des Transports. — Président : M. Collard, 7, rue Pelletier, Villeurbanne ; délégué : M. Tournus, 19, rue de la Duchère.

Verreries du Lyonnais et de la région du Sud-Est (*Syndicat des Maîtres de*), 1, rue Bât-d'Argent. — Président : M. Drogue, chemin des Culattes.

Soit un total de 63 Syndicats patronaux, représentant la presque totalité du Commerce et de l'Industrie de Lyon et de la région.

-o- GLYCODONT, ROI DES DENTIFRICES -o-

ADRESSES UTILES DE MARSEILLE

A

MM.

ABASTADO & ASSEO,
Importation-Exportation.
38, rue Saint-Féréol; téléph. 12-27.

Abastado Raphaël, 28, rue St-Féréol.
Aelion David, 62, boulev. Périer.

ALLATINI & Cie,
Négociants Commissionnaires.
2, rue Saint-Jacques,

Allatini André, 2, rue Saint-Jacques.
Amar Albert, 292, rue Paradis.
Amar Elie, 292, rue Paradis.

ARDITTI & DASSA,
43, rue Vacon,
Export.-Import., coloniaux, dattes de Tunisie.

Arditi M. et Cie, 57, rue longue des Capucins.
Arohas Jacques, 50, rue Vacon.
Asséo David, 38, rue St-Féréol.
Assouad, 59, rue Breteuil.
Auclair et Trappier, 167, rue de Rome.
Auguste Racine et Fils, 32, rue Breteuil.
Azar M., 23, rue du Tapis-Vert.

B

MM.

Barouh Samuel, 30, Grande Rue de Saint-Just.
Bart et Giraud, 58, rue Edmond-Rostand.
Beressi Josué, 30, rue Pizançon.
Bietron, 50, rue de Forbin.
Bilbil & Penso, 9, rue longue des Capucins.

C

MM.

Calamaro Paul, 7, rue Pithéas.
Carasso J. et René, 118, rue du Camas.
Chaouloff, 83, boulevard Perrier.
Chabrières, Morel & Cie, 52, rue Paradis.
Chanée & Cie, 19, rue de la Darse.
Cohen Léon, 5, rue de la République.
Cokinaki Esperidon, 35, rue Pavillon.

COMMERCIALE DES RIZ,
2, rue de la République; téléph. 34-80.

Compagnie Gén. des Gdes Sources, 33 *bis*, avenue du P[illegible].

COMPTOIR BENVENISTE,
Rizerie, Glaçage des Cafés, Import.-Export.
5, rue Paradis; téléph. 47-82.

Comptoir Wagner, 102, rue Vincent.

D

MM.

DANY NEHAMA,
Import.-Export., Commission.
5, rue Paradis; téléph. 47-82.
DAVID BLOCH & NAAR,
Courtiers, Représentants.
27, cours Liautaud.
De Casa Mayor, 15, rue de la Darse.
Dellaporte M. G. & Cie, 8, rue Edouard-de-Langlade.
Dufour, 4, rue de la Pyramide.

E

MM.

ELKABBACH & ERGAS,
Importat., Exportat., Commission, Consignation.
49, rue de la République ; téléph.: 62-87.
Emanuelle P. & Cie, 7, boulev. des Dames; téléph. 49-09.
Ergas Haïm, 49, rue de la République ; téléph.: 62-87.
ERNEST ET JOE KAHN,
Cuirs exotiques, bruts de toutes provenances.
48, rue Breteuil; téléph.: 30-53.
Etablissements Choucroun, 29-31, rue de la République.
Etablissement Lambert, 11, rue Neuve-Sainte-Catherine.
Etablissements Roberty, Traverse du Moulin, à la Capelette.
Etter, 14, rue Venture.

F

MM.

Fleury & Buisson, 26, rue de l'Arsenal.
Fagès, 5, 7, 9, rue d'Oran.
FORTIS & MOSCONA,
Importat. Exportat., Commission, Consignation.
6, rue Chevalier-Roze.

G

MM.

Gatteano Vitalis, 35, rue Pavillon; téléph.: 62-53.
Gennary Fernandino, 37, r. Méry ; tél.: 64-47.
GRAND HOTEL MIRAMAR,
Entièrement remis à neuf.
1, boulevard des Dames.
Gallini, 78, Chemin du Rouet.
Guez, 65, rue Plumier.

H

MM.

H. CAPUANO,
Import., Export., Produits chimiques.
2, rue Corneille; téléph. 31-42.
Habib Isaac, 14, rue du Petit-Saint-Jean.
Habib Raphaël, 7, rue de la Providence.
Hassid Elie, 3, rue Vincent-le-Blanc.

HENRI J. AMAR,
Importat., Exportat., Produits alimentaires, Droguerie.
14, rue Venture; téléph.: 62-85.

HOTEL DE LA MEDITERRANEE,
Restaurant français soigné.
15, quai des Belges; téléph.: 24-06.

HOTEL LESBOS,
Prix très modérés.
3, rue Beauveau.

H. S. AMAR,
Import., Export., Commission.
299, rue Paradis.

Huileries Antonin Roux, 1, rue Pithéas.

H. YENI,
Commission, Exportation, Cuirs, Denrées.
2, rue Corneille; téléph.: 31-42.

MM. **I**

I. DE MEDINA,
Courtier de commerce, Commission, Représentation.
37, rue Paradis; téléph.: 61-42.

ISAC S. MATALON,
Import., Export., Commission, Denrées coloniales.
37, rue Vacon.

IS. SALTIEL,
Cuirs et peaux.
71, rue Paradis; téléph.: 61-86.

MM. **J**

J. ASSAEL,
Représentation.
57, boulevard Notre-Dame.

J.-B. Paul (Savon.), 1, rue Pithéas.

J. DE MAYO,
Bonneterie, Confection, Broderies africaines.
10-29, rue Coutellerie.

J. GATTEGNO,
Cuirs et peaux, Import., Export., Commission.
35, rue Pavillon; téléph.: 62-53.

J. JOYEUX ET J. DAVID,
Importation, Exportation, Commission.
1, rue du Jeune-Anacharsis.

JOS SAIAS,
Commission.
59, rue Grignan.

MM. **K**

KATARIVAS & ELIAS,
Bonneterie en gros, Exportation, Importation.
7, rue Beauvau; téléph.: 37-14.

MM. **L**

Lamotte, 22, rue Vacon.

LAZARE NEFUSSY,
Représentation, Commission.
4, rue Edouard de Langlade; téléph.: 61-35.

Léon Cau et Cie, 5, rue Palestro.
Léon Poulet, 51, rue des Dominicaines.
Les Fils de Giraud Frères, 24, rue Sainte.
Liautard A., 47, rue Vacon; téléph.: 11-41.
Lorenzi Palanca, 62, boulevard des Dames.
L. Mery & Cie, 2, rue Corneille.

M

MM.

Magnan Frères, 24, cours Pierre-Puget.
Marc Jameson, 100, r. Dragon ; 50-55.
Matalon Salvator, 37, rue Vacon.
Médawar César, 27, rue Grignan.
Misrachi Alfred, 3, boulevard du Parc.
Misrachi Joseph, 3, boulevard du Parc.

M. JACOEL
Peaux brutes.
7, rue des Héros.

Modiano Henri, 429, rue Paradis.
Modiano Salvator, 3, quai du Canal.
Moga, 20, rue des Petites-Maries.
Moullet, 24, avenue du Prado.

M RODRIGUE,
Import., Export., Commission, Consignation.
26, boulevard du Muy.

M. SCIALOM,
Import., Export., Commission, Cuirs et Peaux.
119, rue de l'Evêché; téléph.: 32-55.

N

MM.

Naggiari I. et Fils, 60-62, bd Garibaldi.
Nahum David.

NAHUM FRERES,
Exportateurs.
3, rue Vincent-le-Blanc.

N. AMARAGGI,
Import., Export., Fruits secs, Céréales, Peaux.
30, boulevard des Dames; téléph.: 10-05.

P

MM.

P. Agostini et G. Ricordi, 7, rue Tubanet.
Paul Aillaud, rue Neuve Saint-Barnabé.

P. ASSAEL, G. HANANIA & Cie,
Denrées coloniales.
18, rue du Jeune-Anacharsis; téléph.: 47-86.

R

Racine, 55, cours Pierre-Puget.
Raffineries Saint-Louis, 3, rue de la République.
Ricard Digne, 104, Boul. St-Charles.
Rocca, Tassy et Cie, 46, rue Breteuil.

MM. **S**

Saïas Jules, Docteur, 26, boulevard Perrier.
Salmona D., 297, rue Paradis.
SABY LEVY,
Agent en douane.
48, rue Breteuil; téléph.: 30-53.
SAM SALTIEL,
Horlogerie franco-suisse.
13, quai des Belges.
Simon S., 1, cours Belzunce.
S. J. YENI,
Importation, Exportation.
2, rue de la République.
S. M. SALTIEL,
Cuirs et Peaux brutes, Produits coloniaux.
46, rue Paradis ; téléph : 30-53.
Société An. de Savonnerie de Grappe, 118, Grand Chemin de Toulon.
Société Anonyme de l'Escalette, 196, Chemin des Chartreux.
Société Gén. des Tuileries, 4, place Saint-Féréol.
Société Maritime et de Consignation, 54, rue Paradis.
SOCIETE PROVENÇALE DE MANUTENTIONS MARITIMES,
Acconage et tous travaux de quai; Export., Import.
37, rue Méry et 2, rue Audimar; téléph.: 64-47.
Sonsino Isac, 119, rue de l'Eveché.
Sulema M., 77, chemin de Toulon.

MM. **T**

Tabet René (Cuirs et Peaux), 54, rue Puvis-de-Chavannes.

MM. **V**

Vidal et Cie, 7, rue de la Joliette.
Veuve Cheysson et Fils, 86, boulevard National.
Vourgue d'Algue, 46, rue Saint-Jacques.

Adresses utiles en France

AVERTISSEMENT

De même que pour la Bulgarie, la Grèce et la Turquie, nous aurions voulu publier les adresses de France par ordre professionnel et alphabétique. Pour plusieurs raisons il nous a été impossible de le faire dès cette année. Une foule de commerçants — et non des moindres — ne sont pas fixés sur les branches qu'ils peuvent continuer d'exploiter. D'autres projettent d'étendre leurs affaires ou de les transformer ; des associés se séparent pour travailler chacun de son côté ; des maisons fusionnent et changent de nom ou d'étiquette ,et ainsi de suite, sans compter la légion de ceux qui attendent.

Ce sont là les conséquences inéluctables de la guerre, de l'après-guerre et de la crise économique qui a perturbé le monde ; c'est aussi le résultat de l'immigration dont le courant n'est que momentanément interrompu. Ajoutons encore que plusieurs chefs de famille ne savent pas s'ils restent définitivement en France, s'ils doivent aller ailleurs, ou rentrer dans leurs foyers. Pour toutes ces raisons et pour beaucoup d'autres, nous rapportons à notre prochaine édition la répartition des adresses de France par ordre de profession et maintenons cette année encore l'ordre alphabétique pur et simple. Là où cela nous a été possible, tenant compte des suggestion de nos lecteurs, nous avons ajouté les numéros de téléphone et pris entre parenthèses l'abréviation « Ap » qui signifie : appartement. Ces deux petites améliorations ont leur importance. Les adresses de Marseille ont été classées à part, à la suite de l'étude que nous consacrons au port de la grande cité phocéenne. Les adresses des commerçants qui résident hors de Paris, et publiées dans la présente liste, sont suivies du nom de la localité.

Quant aux noms mêmes, beaucoup de lecteurs nous ont conseillé de les publier de façon plus complète. Nous n'avons pas le droit de modifier en quoi que cela soit la firme sous laquelle un commerçant

est enregistré ou désire être désigné. Certes, la similitude des mots donne souvent lieu à des confusions, mais alors il faut que les inscrits eux-mêmes nous fassent savoir s'ils consentent à ce que nous complétions leurs noms. Pour cela il leur suffit de nous envoyer une carte ou un mot, nous indiquant comment ils désirent figurer dans le *Guide Sam* 1923. Cette inscription n'entraîne aucun engagement.

Tous ceux qui entretiennent déjà ou désirent nouer des relations soit avec des orientaux résidant en France, soit avec des commerçants des divers pays du Levant, ont droit à l'inscription absolument gratuite de leurs noms, adresse, numéro de téléphone et profession. Ils peuvent même, dans les deux lignes que nous leur réservons, ajouter l'adresse de leur domicile privé, si cela leur est agréable. Nous ne demandons rien pour cette inscription de deux lignes. Seule la publicité est payante ainsi que l'exemplaire du " Guide ". Un point, c'est tout.

***

Nous prions nos lecteurs de nous signaler toutes les erreurs ou omissions qu'ils peuvent constater dans ce «Guide» *et de nous suggérer toutes les améliorations et tous les perfectionnements que nous pouvons apporter dans les éditions ultérieures.*

A

MM.

A. AELION, 29, rue de Trévise.
Parfumerie, Chaussures de luxe, Cartes à jouer.

ABAB, 231, rue Saint-Honoré; téléph.: Central 01-58.
Bonneterie de luxe.

ABAHOUNI HAMPARTSOUN, *Véritable café turc.*
25, rue Buffault.

Abastado Jacques, 5, cité Trevise ; tél.: Berg., 43-20.
Abastado Léon, 18, rue d'Abbeville; téléph.: Centr., 83-67.
Abastado Moïse, 110, r. Vieille-du-Temple; téléph.: Arch. 48-76.
Abastado Peppo, 110, r. Vieille-du-Temple; téléph.: Arch. 48-76.
Abastado Salomon, 27, rue Montorgueil.
Abastado Sam, 110, r. Vieille-du-Temple; téléph.: Arch. 48-76.

ABBOTT & VOURKAS, 33, rue d'Hauteville; téléph. Centr. 56-67
Exportation, Importation, Commission.

Abd-el-Ahad & Cie, 35, rue d'Hauteville; téléph.: Berg. 40-27.
Abd-el-Nour, 43, boulev. Saint-Martin; téléph.: Arch. 0-27.
Abdurahman & Cie, 34, rue d'Hauteville.

ABENI-BEHAR, 11, rue Cadet.
Restaurant oriental et français. כשר

Abenyacar R., 9, rue Cadet.
Aboaf H., 9, rue Buffault; téléph.: Trud. 65-45.
Abouaf, 51, rue d'Hauteville; téléph. Louvre 46-86.
Abouaf N. S., 10, rue Condorcet.

A. BOURLA, 5, rue Gay-Lussac; tél.: Gob. 33-42.
Chirurgien-Dentiste; reçoit sur rendez-vous.

About Jacques, 27, cité Industrielle.
Abraham M. L., 18, rue des Messageries; tél.: Berg. 43-18.
Abravanel Mario, 15, rue de Trévise.
Accinelli Rq. L., 26, r. Baudin; tél.: Trud. 63-18.
Ach Frères, 53, rue de Turbigo; tél.: Arch. 31-07.
Acher P., 227, avenue Daumesnil; tél.: Did. 36-04.
Achilopoulo C., 21, rue Clément-Marot; tél.: Elys. 61-88.

A. DANON ET FILS, 18, rue des Jeûneurs; tél.: Louvre 47-64
Tissus en gros, Commission, Exportation.

Adato H., 25, rue Bergère.
Adès frères, 178, rue du Temple ; Tél.: Arch., 15-47.
Adès Elie, 3, rue Rodier.
Adès J. N., 27, r. de Clignancourt ; tél.: Nord 79-48.
Adès Jacques, 30, rue Custine.
Adjoubel M., 15, rue Keller.
Adout, 53, rue St-Placide.

Adout Is., 70, rue Sédaine.
Adout Béhar, 86, rue d'Aboukir.
Adout, 33, rue de Trévise.
Adutt Alexandre, 35, r. Bergère; tél.: Bergère 46-53.
Aélion Henri, 11, rue Fromentin ; tél. : Trud., 57-73.
Aélion Vitalis, 4, rue des Jeûneurs ; tél. : Centr., 97-56.
Aélion Sam, 51, rue Laffitte ; tél. : Trud., 62-85.
Aélion Jacques, (Ap.), 23, rue des Martyrs.
Aélion Albert, 5, cité Trévise ; tél. ; Berg., 43-20.
Aélion Haïm, 4, passage Maurice.
Aélion D. M., 9, boulevard de Belleville.
Aélion Is., 61, rue d'Hauteville.
Aélion Emile, 61, rue Marcadet.
Affinerie française, 62, rue Caumartin.
Aftalion Alfred, 76, r. des Petits-Champs; tél. : Gut., 29-61.
Aftalion Armand, 51, r. Laffitte ; tél.: Trud., 62-85.
Aftalion César, 56, rue Lafayette.
Aftalion César (ap), 7, rue de Villebois-Mareuil.
Aftalion Sab., 56, rue Lafayette.
Aftalion Albert, professeur à l'Université de Paris.
Aftalion J., 7, rue de Châteaudun ; tél. : Trud., 01-34.
Aftalion S. et C., 7, r. de Châteaudun ; tél. Trud., 01-33.
Aghion César, 77, r. de Prony ; tél., Wag., 22-92.
AGENCE INTERNATIONALE DE JOURNAUX,
A. Gondelier.
35, rue Montpensier (9e).
Aghion J., 106, r. de la Faisanderie ; tél. : Passy, 89-34.
Agi Benjamin, 2, rue de la Lune.
Agi Benjamin, 12, cours Lafayette, Lyon.
Agi Isidore, quai de l'Hôpital, Lyon.
Agiman, 59, rue Meslay
Agiman Abel, 43, rue St-Lazare.
Agiman J., 46, boulevard du Temple.
Ahmet B., 62, rue Lafontaine ; tél. : Aut., 26-07.
Akchote frères, 214, r. de Rivoli ; tél. : Gut., 42-[illegible].
Akchote J., 28, place St-Ferdinand.
Akchote S., 10, rue de Castellane.
Akiba M., 24, rue Richer ; tél. : Cent., 61-17.
Alazraki Maurice, 30, rue Le Peletier.
Albagli J., 139, fg. St-Denis.
Albagli R., 40, rue de Chabrol.
Albahary J. M., 11, r. de Pétrograd ; tél. : Cent., 86-53.
ALBERT AELION, 5, cité Trévise; téléph.: Bergère, 43-20.
Commission-Exportation.
ALBERT GATTEGNO, 102, rue d'Aboukir; tél.: Louvre 33-54.
Tissus gros demi-gros. Commission-Exportation.
ALBERT S. NAAR, 35, rue Bergère; téléph.: Berg., 53-08.
Films cinématographiques. Agence.
Alboher Is., 10, rue Popincourt.
Alcabez M. et J., 4, rue de Marseille, Lyon.
Alcalay frères, 40, av. de la Bourdonnais ; tél. : Saxe, 18-11.
Alcalay Sam, 117, rue d'Aboukir.
Alchadef Is., 191, bd. de la Gare ; tél. : Gob., 52-59.
Alcolumbre A., 29, rue de Penthièvre.
Alexiadès et Cie, 23, rue Joubert ; tél. : Louvre, 37-85.
Alfassa Sam, 46, rue Pierre-Charon ; tél. : Passy, 49-09.
ALFRED BOURLA, 20, rue du Sentier; téléph.: Gut., 78-89.
Tissus en tous genres. Importation-Exportation.

Alganzi Robert, 36, rue Popincourt.
Algranate A. Jacques, 9, faubg. Montmartre.
Algranate D., 10, rue Richer.
Algranate R. et S., 25, rue Bergère.
Allalouf frères, 94, rue d'Aboukir ; tél. : Cent., 11-26.
Allalouf Alfred (Ap.), 3, r. du G.-Langlais ; tél. : Passy, 22-76.
Allalouf Ison (Ap.), 3, r. du G.-Langlais ; tél. : Passy, 22-76.
Allalouf Jules, 92, rue d'Hauteville.
Allatini Eric, (ap), 12, av. de Tokio ; tél. : Passy, 81-23.
Alliance Is. Universelle, 45, r. La Bruyère ; tél. : Trud., 32-86.
Alliance Indust., 16, r. du Rocher ; tél. : Wag., 34-70.
Almaleh E., 68, rue Fondary.
Almode, 11, rue Martel.
Almosnino Adrien, 24, rue Feydeau.
Alphandery Davy, et Cie, 4, av. du Coq ; tél. : Gut., 32-98.
Alsafarana Marc, 78, rue du Chemin Vert.
Altcheh Saby, 10, rue Saulnier.
Alvo Is., 9, rue de Provence.
Amado A. (Dr), 10, rue Aug. Bartholdi ; tél. : Saxe, 38-08.
Amado J. et Cie, 10, rue Camon.
Amado N. (Dr), 27, rue de Moscou ; tél. : Gut., 51-87.
Amado R., 6, av. Montaigne ; tél. : Elys., 47-91.

A. MALLAH, 49, rue Pigalle; téleph. : Trud., 36-53.
Horlogerie, Bijouterie, Joaillerie.

Amar Charles J., 26, rue des Capucins, Lyon.
Amar Charles, L., 55, avenue Suffren.
Amar David, L., (Dr), 2, r. de Berne ; tél. : Cent., 22-85.
Amar Elie, 85, rue d'Agen.
Amar Emile, L., 17, rue Caumartin ; tél. : Louv., 00-01.
Amar Eric, J., 46, rue du Caire ; tél. : Gut., 77-18.

AMAR ET ARDITTI, 51, rue Laffitte; téléph. : Trud., 62-85.
Commissionnaires-Exportateurs.

Amar Félix L., 132, boulevard Malesherbes.
Amar Félix J., 7, rue Lantonnet ; tél. : Trud., 37-79.
Amar Guillermo, 36, r. des Pet. Champs ; tél. : Louv., 37-62.
Amar Henri A., 18, r. d'Hauteville ; tél. : Berg., 43-16.
Amar Henri L., 85, av. Wagram.
Amar Is., 137, rue Lafayette.
Amar Jacob, 5, rue Louis-Vitet, Lyon.

Amar L., 258, rue de Charenton.
Amar Maïr, 1, rue de Cléry.
Amar Maurice, 51, r. Laffitte ; tél.: Trud., 62-85.
Amar Paul, J., 25, rue de l'Hôtel-de-Ville, Lyon.
Amar R., 20, avenue Parmentier.
Amar Sam A., 13, rue Auber ; tél.: Gut., 36-69.
Amar Saül A., 13, rue Auber ; tél.: Gut.: 36-69.
Amar Vidal, 35, rue de Bellefond.
Amatouri et Hana, 20, pass. des P.-Ecuries; tél.: Cent. 61-60.

AMERICAN COMP. FOR INTERNATIONAL COMMERCE, 60, Broadway, New-York U. S. A. — *Exportation de tous articles des Etats-Unis.*

AMIANTE, 64, rue de la Chaussée-d'Antin; tél.: Trud. 69-24. *Fibres, fils, tissus, joints, bourrages, etc., etc.*

Amieux Frères, 24, quai de la Rapée; téléph.: Roq., 08-61.
Amon J., 16, rue Charron.
Amon Juda, 48, rue Basfroi.
Amon Saby, 28, rue du Mail; téléph.: Cent. 44-07.
Appartement : 6, r. Léon-Vaudoyer; téléph.: Saxe 60-32.
Amon Sam, 7, faubg Montmartre; téléph.: Berg. 50-58.
Amon Semtov, 7, fg Montmartre: téléph.: Berg. 50-58.
Amram Is., 4, passage Maurice.
Anavi Armand, 88, cours de la Liberté, Lyon.
Anavi César, 12, Grande-Rue de la Guillotière, Lyon.
Anart Robert, 20, avenue Parmentier.

ANGEL & ERRERA, 37, r. des Petits-Carreaux; tél.: Gut. 58-40. *Tissus et soieries en gros.*

Angel Albert, 7, cité Trévise.
Angel Albert, 7, rue de Provence; téléph.: Berg. 39-76.
Angel Albert (App.), 3, Sq. La Bruyère; téléph.: Trud. 63-81.
Angel Daniel (App.), 7, r. N.-D. de Nazareth; tél.: Arch. 63-00.
Angel I., 2, rue Baudin.
Angel I., 36, rue Lafayette; téléph.: Louv. 46-84.
Angel J., 45, boulevard Beaumarchais.
Angel M., 12, rue de Chabrol; téléph.: Nord 86-16.
Angel Maïr, 1, rue de Cléry.
Angel Maurice, 22, rue de Toqueville.
Angel Maurice, 12, r. Lamartine; téléph.: Trud. 17-34.
Angel Michel, 13, fg. Poissonnière; téléph.: Berg. 50-80.
Angel Salomon, 13, fg. Poissonnière; téléph.: Berg. 50-80.
Angel Semtov, 69, rue d'Aboukir.
Angel T., 111, rue Oberkampf.
Ani Edmond, 7, avenue Suffren.
Antoine et Fils, 38, rue d'Hautepoule.
Antoniadi Dorothéos, 26, r. Pauquet; téléph.: Passy 58-57.
Antonius G., 52, rue de Paradis.

A. PESSAH, 17, faubourg Montmartre; téléph.: Berg. 37-63. *Commission-Exportation.*

Aphraïm J., 56, rue Sédaine.
Aphraïm N., 75, r. du Chemin-Vert.
Apikian A., 115, av. V.-Hugo; téléph. Passy 36-28.
A. Pingaud, 33, rue Hoche, Pantin; téléph.: Nord 54-93.
Arama Jac., 34, r. du Caire; téléph.: Cent. 07-85.
Arama Daniel, 34, r. du Caire.
Arama Michel (Dr), 4, r. P.-le-Grand: téléph.:Elys. 21-04.
Arama Sylvain, 26, r. Montholon; téléph.: Trud. 09-89.
Arbib Saül, 61, fg St-Denis; téléph.: Louvre 26-10.

Archer G. A., 34, r. des Petits-Hôtels; téléph.: Nord 45-34.
Arditti, 32, rue Popincourt; tél.: Roq. 02-41.
Arditti et Cie, 28, bd de Strasbourg; téléph.: Nord 74-80.
Arditti A., 27 av. de la Gde-Armée; téléph.: Passy 46-26.
Arditti Albert, 51, bd. Saint-Martin.
Arditti Dony, 51, rue Laffitte; téléph.: Trud. 62-85.
Arditti D., 33, rue d'Hauteville; tél.: Cent. 15-24.
Arditti D., 45, r Ampère; tél.: Wag. 40-48.
Arditti E., 8, rue Ménart; tél.: Gut. 40-25.
Arditti E., 69, rue d'Hauteville.
Arditti Elie, 13, r. Amb.-Thomas; tél.: Cent. 09-28.
Arditti Et., 9, av. de Messine; tél.: Elys. 51-99.
Arditti et Jaffé, 77, r. d'Aboukir; tél.: Cent. 85-46.
Arditti Is., 65, rue de Rivoli.
Arditti J., 9, rue de Douai; tél.: Trud. 15-70.
Arditti Raphaël, 101, bd Voltaire; tél.: Roq. 33-41.
Arditti S., 35, rue Chapon; tél.: Arch. 43-21.
Arelle I., 19, rue de Paradis; tél.: Berg. 38-88.
Arlañas Michel, 178, r. du Temple.
Arias Ch., 18, rue André-del-Sarte.
Arié Béhar, 9, r. de Châteaudun.
Arié D., 23, rue Michel-Ange.
Arié E., 26, rue Cadet; tél.: Berg. 46-98.
Arié Em., 233, r. St-Martin.
Arié L., 3, r. Michel-Lecomte; tél.: Arch. 19-16.
Arié M., 3, cité Trévise.
Ariel M., 21, rue Clauzel.
Aris, 2, rue de Valenciennes; tél.: Nord 72-89.

ARMAND-AFTALION, 51, rue Laffitte; téléph.: Trud. 62-85.
Perles fines et Pierres précieuses.

Aroeste Sam, 52, rue Sedaine.
Artaud, 40, rue Pascal; tél.: Gob. 24-54.

A SALEM & SON. — Manchester, 40, Dickinson Street.
Exportation de tous tissus, Commission.

A. SALTIEL, 40, rue de Trévise; tél.: Berg., 41-22.
Assurances.

ASCHER SALEM, 7, faubourg Montmartre; téléph.: Berg. 36-12.
Importation, Exportation.

Aslan, 16, rue Mazagran; tél. Gut 12-05.
Assa, 25, rue Bergère.
Assa Jos., 38, rue Folie-Méricourt.
Assa M., 11, rue Cadet.
Assad Khan, 64, rue Spontini; tél.: Passy 78-96.
Assaël A., 14, r. des Petites-Ecuries; tél.: Gut. 74-36.
Assaël et Dolmann, 142, rue Montmartre.
Assaël Isidore, 80, faubourg Poissonnière.
Assaël J., 43, rue de Trévise.
Assaël Joseph, 13, r. de Montyon.
Assaël Joseph, 20, avenue Victor-Hugo; tél.: Passy 89-92.
Assaël Léon, 87, rue Réaumur.
Assaël Maurice, 28, rue d'Hauteville.
Assayas A., 14, r. des Petites-Ecuries; tél.: Gut 74-36.
Ascher B. A., 28, r. St-Georges; tél.: Trud. 69-75.
Ascher N., 17, rue Richer; tél.: Berg. 45-64.

Asscher J., 8, rue Lafayette; tél.: Cent. 63-07.
Asséo Albert, 28, r. d'Aboukir; tél.: Cent. 57-53.
Asséo A., 89, rue Lemercier; tél.: Marc. 03-98.
Asséo et Beraha, 40, rue Dufour.
Asséo Edgar, 45, rue Ampère.
Asséo Gabbaïs et Cie, 104, r. d'Aboukir; tél.: Louvre 19-54.
Asséo H., 101, rue St-Dominique; tél.: Saxe 72-71.
Asséo Is., 61, fg. Montmartre.
Asséo Michel (*Lesomiac*), 12, rue de l'Echiquier.
Asséo Nisso, 61, fg. Montmartre; tél.: Trud. 62-08.
Asséo Sam, 28, rue d'Aboukir; tél.: Cent. 57-53.
Asséo Saley, 45, avenue Parmentier.
Asséo Sisvester, 26, rue des Capucins, Lyon.

ASSURANCES GENERALES DE TRIESTE, 43-45, Av. de l'Opéra (Imm. de la Comp.) *Une des plus puissantes de l'Europe.*

Astruc P. (Dr), 18, r. du Colonel-Moll; tél.: Wag. 80-31.
Attar Sélim, 58, r. d'Hauteville; tél.: Louvre 15-20.
Attias J., 8, rue Greffulhe; tél.: Gut. 38-17.
Attkinson, 17, rue d'Enghien; tél.: Cent. 20-19.
Aufrier Jacques et Cie, 20, r. Vivienne.
Auliac et Félix, 15, rue du Caire.
Autier Emile, 13, r. des P.-Ecuries; tél.: Berg. 43-96.
Aux Fabr. Réunis, 327, r. St-Martin.
Aveline et Delalande, 104, fg. Poissonnière; tél.: Trud. 35-29.
Avenel et Cie, 7, rue d'Enghien; tél.: Louvre 43-05.
Avigdor N., 24, rue Chauchat; tel.: Louvre 46-69.
Avigdor R., 5 *bis*, rue Jadin; tél.: Wag. 83-78.
Avigdor R., 1, rue Lincoln.

A. V. HASSON FRERES, 7, rue du faubourg Montmartre. *Exportation de tous articles.*

Avimeleh Is., 17, rue Popincourt.
Azar Melamed et Cie, 75, rue d'Aboukir; tel.: Gut. 78-99.
Azaria Is., 2, impasse Franchemont.
Azaria Jacques, 86, rue Rochechouart.
Azed, 27-29, rue du Pont-d'Ivry, Alfortville.
Azoulaï J. (Dr), 18, r. du P.-Neuf; tél.: Gut. 43-10.
Azouvi Albert, 5, place de l'Opéra.
Azouvi Gabriel, 25, r. de la Tour-d'Auvergne.
Azouvi Henri, 4, rue Rodier.
Azouvi Jos., 21, rue Lamark.
Azouz Jos., 28, rue Basfroi.
Azouz Nissim, 15, rue Keller.
Azzi et Abouhamad, 47, fg Montmartre; tél.: Berg. 39-64.

B

MM.

Babani, 98 *bis*, bd Haussmann; tél.: Centr. 43-12.
Babani J., 113, rue du Temple; tél.: Arch. 43-99.
Babani Salom., 22, rue Meslay; tél.: Arch. 31-27.
Babani V., 98, bd Haussmann; tél.: Louvre 27-53.
Bac et ses Fils, 23, r. Aux-Ours; tél.: Louvre 06-10.
Baillon Henri, 64, r. de Saintonge; tél.: Arch. 33-10.
Bailly, 15, r. de Rome; tél.: Wag. 62-29.
Bairde et Cie, 43, av. de l'Opéra.
Bakiche N., 4, rue Riboutté.
Ballaz et Cie, 34, boulev. de Sébastopol.

Banderley, 16, boulev. Auguste-Blanqui.
Banque Anglo-Sud-Américaine, 19, bd des Capucines.
Banque Chrissoveloni & Cie, 58, av. Montaigne; tél. Elys. 62-25.
Banque Com. de la Méditerranée, 48, r.des P.-Champs; L. 38-54.
Banque Com. pour Russie et Levant, 7, bd de la Madeleine.
Banque de France, rue Croix-des-Petits-Champs.
Banque de la Seine, 101, r. des P.-Champs; Cent. 31-18.
Banque de Syrie, 16, r. Le Peletier; Louvre 41-98.
Banque de l'Union Parisienne, 7, rue Chauchat; Gut. 39-84.
BANQUE FRANÇAISE POUR LE COMMERCE ET L'INDUSTRIE 17, rue Scribe; téléph: Louvre 34-94.
Toutes Opérations de Banque et de Bourse.
Banque Franco-Serbe, 16, r. Le Peletier.
BANQUE IMP. OTTOMANE, 4, rue Meyerbeer.
Toutes Opérations de Banque.
BANQUE MARMOROSCH, BLANCK & Cie, 29, place Vendôme; téléph.: Centr. 23-58. — *Toutes Opérations de Banque. en général.*
BANQUE MOSSERI, ASSAYAS & Cie, 91, r. des Petits-Champs; tél.: Centr. 86-39. — *Toutes Opérations de Banque.*
Banque Privée, 30 et 32, rue Laffitte.
BANQUE SAUL AMAR & Cie, 13, rue Auber; tél.: Centr. 86-39.
Toutes Opérations de Banque et de Bourse.
Banque Vasseur, 9, rue des Filles-St-Thomas.
Bansel & Cie, 18, r. Eug.-Varlin; tél.: Nord 47-86.
Bapteress, 50, r. d'Hauteville; tél.: Gut. 46-44.
Bardavid Joseph, 25, r. de l'Hôtel-de-Ville, Lyon.
Barishac Albert, 8 *bis*, rue Martel; tél.: Berg. 38-24.
Barit Eugène, 9, r. Rougemont; tél.: Berg. 36-34.
Barjon Déperrier, 29, r. du Louvre; tél.: Gut. 51-07.
Barki Béhor, 5, r. d'Hauteville; tél.: Berg. 36-59.
Barki Jacques, 26, rue de Constantinople.
Barki M., 43, rue des Mathurins.
Barnatan M., 16, rue de Maubeuge.
Barnatan Nissim, 20, rue de Maubeuge.
Barouh Maurice, 234, rue St-Martin.
Barouh Moreno, 18, cité Trévise.
Barouh Raphaël, 77, rue Sedaine.
Barouh Venturero, 8, cité Trévise; tél.: Cent. 00-24.
Baruch J., 15, r. de Rougemont; tél.: Berg. 51-98.
Baruche Frères J. B., 118, av. Ph.-Auguste; Roq. 74-25.
Baruk P., 52, r. d'Angoulême; tel.: Roq. 92-87.
Baruk Lévy, 18, bd Magenta; tél.: Nord 78-54.
Barzilay (Dr), 19, rue Théodore-d'Ock.

Basmadjian, 7, r. N.-D. de Lorette; tél. Trud. 69-85.
Basmadjian G., 4, r. Roy-Collard; tél.: Gob. 53-64.
Bassan, 127, rue de l'Université.
Bassan Hector, 9, rue Buffault.
Bassoul, 10, cité Trévise.
Baudet et Danon, 17, fg du Temple; tél.: Nord 43-5.
Baugeois et Binot, 15, rue Etienne-Marcel.
Baumann M. Fils, 93, bd Sébastopol; tél.: 28-43.
Baumgard Albert, 54, fg Poissonnière; tél. Berg. 45-59.
Bavil E., 8, rue de la Michodière.
Bayle & Cie, 34, rue de Seine.
Bayona et Beraha, 5, pas. Violet; tél.: Berg. 36-23.

B. CAGEDIN, 40, rue de Trévise.
Tailleur pour dames, manteaux, fourrures.

BECK, 19, rue Monsigny; téléph.: Cent. 81-31.
Marchand Tailleur.

Beaumarié, 11, rue du Chemin-Vert.
Beaumont Frères, 118, r. Réaumur; tél.: Gut. 41-71.
Bebert Frères, 143, r. St-Denis; tél.: Cent. 88-15.
Bedford Petrolium C°, 67, bd. Haussmann; Cent. 31-48.
Béer Maurice, 34, bd. Edg.-Quinet; tél.: Saxe 05-69.
Béhar, 99, rue Lecourbe; tél.: Saxe 54-55.
Béhar A., 111, r. des Petites-Ecuries.
Béhar Abram, 113, bd. Voltaire.
Béhar Albert, 17, r. Bleue; tél.: Berg. 49-56.
Béhar Benjamin, 58, rue Sedaine.
Béhar David, 132, rue de Charonne.
Béhar (Incrusta), 28, avenue de l'Opéra.
Béhar Isaac, 47, rue Rochechouart.
Béhar Israël, 7, rue Paul-Bert.
Béhar J., [illegible], rue de Cléry; tél.: Louvre 09-70.
Béhar Jac., 259, r. St-Martin; tél.: Arch. 45-95.
Béhar M., 95, rue des Boulets.
Béhar Maurice, 9, rue de Châteaudun; tél.: Trud. 17-19.
Béhar Nissim, 7, rue de Malte.
Béhar Rodolphe, 28, avenue Friedland.
Béhar Yakim, 28, avenue de l'Opéra.
Béja Daniel, 12, cité Bergère.
Bempechat Rev., 63, rue Sedaine.
Benadon (Dr), rue Picpus (Hop. Rothschild).
Benbassat A., 118, boulev. de Courcelles; tél.: Wag. 77-31.
Benbassat et Besso, 71, rue d'Aboukir; tél.: Gut. 42-72.
Bembassat Charles, 99, avenue Parmentier.

BENBASSAT & SALMONA, 23, rue de Choiseul; tél.: Gut. [illegible]8-22.
Banque, Change, Commission, Représentation.

Benbassat J., 30, rue des Petites-Ecuries.
Benbassat Salomon, 99, avenue Parmentier.
Bendavid Jacques, 13, rue Auber
Bendelac de Pariente (Dr), 10, square Moncey.
Bendelac J. H. & Cie, 20, rue Richer; tél.: Berg. 43-22.
Benezra (Dr), 9, rue Papillon.
Benezra Is., 48, rue Basfroi.
Benezra K., 87, boulevard Voltaire.
Benezra L., 29, rue Francœur; tél.: Marc. 00-56.
Benezra Vitalis, 117, avenue de Clichy.
Benforado A., 9, rue d'Aboukir.
Benforado Is., 69, rue d'Aboukir; tél.: Cent. 01-58.

Benforado Isidore, 12, rue de la Tour-d'Auvergne.
Benforado Israël, 49, rue d'Aboukir.
Benforado Joseph, 69, rue d'Aboukir; tél.: Cent. 01-58.
Benforado Sylvain, 69, rue d'Aboukir; tél.: Cent. 01-58.
Benghiat A., 84, rue de Provence.
Benhaim J., 23, rue de Reuilly.
Benjamin Isidore, 65, rue d'Hauteville.
Benjamin Moïse, Hôtel Dominiom.
Benrubi David, 11, rue Cadet.
Benrubi Isac, 20-22, rue Richer.
Benrubi Richard, 46, rue Richer.
Benrubi Maurice, 46, rue Richer.
Bensasson (Hom. de Let.), 8, rue de Chantilly.
Bensignor Frères, 104, rue d'Aboukir; tél.: Cent. 05-17.
Bensimon, 36, rue des Martyrs; tél.; Trud. 10-04.
Bensimon M., 11, passage Verdeau; tél.: Berg. 39-20.
Bensimon R. & Cie, 7, rue Montyon; tél.: Berg. 41-17.
Bensimon T., 56, rue Lafayette; tél.: Berg. 45-69.
Bensussan Ino, 17, faubourg Montmartre.
Bensussan Ino (Ap.), 40, rue Beaujon; tél.: Elys. 51-68.
Bensussan Jacques, 13, rue Auber.
Bensussan David, 12, boulev. de Courcelles.
Bensussan Nissim, 15, rue La Bruyère.
Bensussan René, 23, rue de Remusat; tél.: Aut. 02-80.

BENUSIGLIO. — Bordeaux, 146, rue Naujac.
Papeterie, Parfumerie, Bonneterie.

Benusiglio Elie, 31, rue Saint-Georges.
Benusiglio Raphaël, 69, rue d'Aboukir.

BENVENISTE & AMON, 28, rue du Mail; téléph.: Central 44-07.
Tissus et soieries. Commission, Exportation.

BENVENISTE & Cie, 10, cité Trévise; téléph.: Louvre 41-08.
Bonneterie fine, Haute Nouveauté, Exportation.

BENVENISTE & ESKENASY, 77, r. d'Aboukir; tél. Centr. 68-13.
Soieries, Lainages, Cotonnades en gros.

Benveniste Ernest, 6, rue Sédaine.
Benveniste H. M., 11 bis, rue Baudin.
Benveniste H. R., 17, rue St-Fiacre; tél.: Louv. 42-01.
Benveniste Henri, 47, rue d'Aboukir.
Benveniste Is., 47, rue d'Aboukir.
Benveniste Jacques, 40, rue d'Hauteville; tél.: Berg. 36-17.
Benveniste J. R., 7, rue Meyran.
Benveniste Maurice, 29, rue de Bellefond.
Benveniste M., 66, rue Lafayette; tél.: Berg. 39-13.
Benveniste M. J., 35, rue Bergère.
Benveniste Maurice M., 56, faub. Poissonnière; tél.: Berg. 47-92.
Benveniste M. E., 139, rue d'Aboukir; tél.: Gut. 25-77.
Benveniste (Ing.), 14, rue de Rivoli; tél.: Arch. 06-27.
Benveniste Moïse, 6, rue Sedaine.
Benveniste M. R., 17, rue Saint-Fiacre; tél.: Louvre 42-01.
Benveniste M. S., 38, rue de Cléry; tél.: Cent. 03-84.
Benveniste Natan, 60, quai Pierre-Scize, Lyon.
Benveniste Peppo, 10, cité Trévise; tél.: Louvre 41-08
Benveniste Raphaël, 28, rue du Mail; tél.: Cent. 44-07.
Benveniste Salomon J., 20, rue Richer; tél.: Berg. 36-88.

Benveniste Sam., 40, rue d'Hauteville; tél.: Berg. 36-17.
Benveniste Samuel, 10, cité Trévise; tél.: Louvre 41-08.
Benjamine I., 17, faub. Montmartre; tél.: Berg. 40-37.
Beraha Elie, 101, faub. Saint-Denis.
Beraha Henri, 5, passage Violet; tél.: Berg. 36-23.
Beraha A. et R., 85, avenue de Ségur.
Beraha Alexandre, 33, rue de l'Hôtel-de-Ville, Lyon.
Beraha Yomtov, 4, rue Duhème.
Beressi Albert, 5, cité Trévise; tél.: Berg. 43-20.
Beressi Albert, 155, avenue de Wagram.
Beressi H., 18, rue Bachaumont; tél.: Gut. 33-15.
Beressi H. (Ap.), 6, rue Rochambeau; tél.: Trud. 67-52.
Beressi J., 2, rue de Mulhouse; tél.: Gut. 77-30.
Beressi J. (Ap.), 84, rue d'Hauteville.
Beressi Peppo, 10, boulevard Barbès.
Beressi Samy, 69, rue d'Aboukir; tél.: Cent. 01-58.
(Ap), 42, rue de la Grande-Armée
Bergis A., 123, rue Lafayette; tél.: Nord 36-74.
Berhandouni & Cie, 72, faub. Poissonnière; tél. Cent. 08-61.
Bernard Maurice, 4, place des Terreaux, Lyon.
Bernard Salzmann, 7, rue de Valois.
Bernheim A. G. Fils, 23, rue de Cléry; tél.: Louvre 22-67.
Bernheim Frères, 105, rue Réaumur; tél.: Gut. 23-27.
Bernheim Frères, 208, boulev. Voltaire; tél.: Roq. 02-78.
Berthelot & Cie, 30, rue d'Hauteville.
Bertrand (Dr), 56, rue de l'Etablissement, Vichy; tél.: 4-65.
Besançon, 1, rue Martel; tél.: Louvre 45-64.
Bessallel Albert, 6, rue Ferrandière, Lyon.

B. GEROUD, 18, rue Cadet; téléph.: Cent. 82-11.
Liquidation stocks, Articles de Paris, Exportation.

Bickart frères, 50, r. de Miromesnil ; tél.: Elys., 15-32.
Bignon & André, 18, av. Victoria ; tél.: Gut., 19-27.
Binay Robert, 9, rue de l'Isly ; tél.: Arch., 11-41.
Biron, 7, rue d'Ambroise ; tél.: Cent., 13-92.
Biron C., 65, rue Meslay ; tél.: Arch., 11-41.
Biruhiel N., 11, rue du Conservatoire.
Biscuits Olibet, 91, rue de Rivoli; tél.: Gut., 53-37.
Bitchatcho A., 130, place Voltaire.
Bittar George B. & Cie, 62, r. St-Lazare ; tél.: Trud., 61-83.
Bizot, 34, faubg. Poissonnière ; tél.: Louv., 02-64.
Blacque et Bélaire, 24, r. Feydeau ; tél.: Cent., 77-08.
Blampin A. & Cie, 103, bd. R.-Lenoir ; tél.: Roq., 60-65.
Blazer G. E. & Cie, 118, av. des Ch. Elysées.
Blereau et Quirin, 5, r. J. César ; tél.: Roq., 02-53.
Bloch-Allatini, 147, av. L.—Rollin ; tél.: Roq., 66-25.
Bloch-David, 42, r. du Louvre ; tél.: Gut., 01-16.
Bloustein, 10, pas. de la Réunion ; tél.: Arch., 43-36.
Blumberg Ferdinand, 5, p. la Réunion ; L., 27-51.
Blumberg Louis, 34, r. des P. Hôtels ; tél.: Nord, 61-30.

Boccara, 18, place Bellecour, Lyon.
Boch frères, 42, r. de Thorigny ; tél.: Arch., 28-94.
Boirre, 26, rue de Sévigné ; tél.: Arch., 43-74.
Bonjean, 10, r. des Petites-Ecuries ; tél.: Cent., 87-04.
Boris Nicolas, 37, fg. Poissonnière.
Bortoli frères, 60, rue de Turenne.
Bos. G. et Puel, 234, fg. St-Martin ; tél.: Nord, 81-84.
Botot, 10, rue de la Paix ; tél.: Cent., 36-51.
BOTTON FRERES, 31, rue Bergère ; téléph.: Gut., 33-03.
Commission-Exportation.
Botton Albert de, 24, cité Trevise
Botton D, 10, r. Saulnier ; tél. : Louvre, 52-62.
BOTTON FRERES. — Barcelone. — 76, Rambla Cataluna Principal. — *Papiers à cigarettes.*
Botton R. I. de, 69, r. Lafayette ; tél.: Trud., 60-78.
Botton Salomon, 170, fg. Poissonnière.
BOTTON'S, 9. rue Auber ; téléph.: Gut., 69-46.
Bonneterie de luxe.
Bottrie, 68, bd. Malesherbes.
Boudry Jules, 4, r. St-Appoline ; tél.: Arch., 01-65.
Bouillon Cub. 67-69, Av. Jean-Jaurès.
Bourdeau P. E., 132, fg. St-Denis; tél.: N., 06-08.
Bourgeois et Cie, 60, r. d'Hauteville; tél.: Gut., 10-95.
Bourla Albert, 5, r. Gay-Lussac; tél.: Gob., 33-42.
Bourla Alfred, 20, r. du Sentier; tél.: Gut., 78-89.
Bourla André, 17, r. d'Hauteville.
Bourla Ino, 104, Avenue de Villiers.
Bourla Léon, 20, r. du Sentier; tél.: Gut., 78-89.
Bourla Menahem. 108, av. de Villiers
Boutillier-Delaurière et Cie, Cognac; tél.: 6.
Bouveau G. et Cie, 11, r. Maubeuge; tél.: Trud., 16-01.
Brack, Blum, 21, rue d'Uzès; tél.: Gut., [illegible]-28.
Braun, 30, rue Rambuteau tél.: Arch., 31-[illegible].
Braunstein, 18, r. Guersant; tél.: Wag., 61-51.
Brautmann S., 7, rue Montrosier, Neuilly.
Bredel, 21, rue Croix-des-Petits-Champs ; tél.: Cent., 40-03.
Bret Léon. 32, rue d'Hauteville.
Bret et Meunier, 18, r. de Turbigo; tél.: Cent., 87-85.
British Merc. et Trad. C°. 1[illegible], bd. Magenta; tél.: Trud., 05-63.
Brossat et Maurer, 37, rue Poissonnière.
Brouand frères, 106, r. Réaumur ; tél.: Cent., 84-50.
Broudo Bension, 113, boulevard Voltaire.
Broudo Salomon, 12, rue St-Joseph.
Bru Henri, 34, bd. des Italiens; tél.: Cent., 26-64.
Brun Charles et Cie. 26, faubourg du Temple.
Brunswick, 53, rue Meslay; tél.: Arch., 42-32.
Buchdid M., 6, pas. Viollet; tél.: Cent., 37-24.
Bussillet J. fils, 74, r. du Temple; tél.: Arch., 36-75.

C

MM.

CABINETS DENTAIRES MODERNES, 13, Faubourg Montmartre; téléph.: Berg., 38-93.
Drs Michel Arama et H. Saltiel.
Cacioppo Umberto, 6, rue de Provence; tél.: Berg., 45-62.
Caen Roger, 2, rue Lamandé.

Caen Emile A., 34, rue de Cléry; tél.: Cent., 39-84.
Cahen Emile, 20, rue Taitbout.
Cahen Jean & Ch. Rion, Nantes.
Caillet, Bayard et Cie, 3, rue d'Hauteville.
Caisse Paternelle, (As.), 4, rue Ménars ; tél.: Gut., 03-66.
Calandjis N., 5, rue de Provence ; tél.: Berg., 36-22.
Calderon frères, 7, rue Laffitte ; tél.: Berg., 52-52.
Caldéron Moïse, 50, rue Jouffroy; tél.: Wag., 48-43.
Caldéron Simon, 38, av. Niel ; tél.: Wag., 15-30.
Caldéron Mathias, 41, rue des Martyrs.
Calvora B., 2, rue Camille-Desmoulins.
Camel, Pahut et Cie, 1, rue d'Uzès ; tél.: Gut., 15-61.
Camhi J. R., 9, rue de Maubeuge ; tél.: Trud., 67-75.
Camhi M., 51-bis, rue Sédaine.
Campéas, 2-bis, rue Cadet.
Camus F., 14, rue Commines.
Canonne Henri, 88, bd. de Sébastopol; tél.: Arch., 11-76.
Canetti H., 7, rue de Châteaudun ; tél.: Trud., 36-02 et 03.
Canetti et Marconlesco, 52, fg. Poissonnière; tél.: Berg., 40-59.
Capuano, 5, rue de Provence.
Caraco et Cohen, 85, rue de Turbigo; tél.: Arch., 11-46.
Caramanos, 44, rue Taitbout.
Carasso et Capon, 33, rue d'Alexandrie.
Carasso et Angel, 134, rue d'Aboukir; tél.: Louvre, 55-10.

CARASSO ET SCIALOM, 7, rue Saulnier; tél.: Berg., 48-72.
Bonneterie en gros, mercerie.

Carasso frères et Duneau, 15, rue du Louvre; tél.: Louv., 06-17.
Carasso Ino, 8, faubourg Montmartre.
Carasso Isaac, 15, rue de Trévise.
Carasso Isakino, 25, rue de Lisbonne.
Carasso Jacques, 13, rue Auber.
Carasso José, 13, rue Auber.
Carasso Joseph, 31, rue d'Alexandrie.
Carasso Joseph (avocat), 6, rue Lacroix.
Carasso Marc, 23-bis, rue de Constantinople; tél.: Wag., 35-84.
Carasso Raphaël, 7, rue Saulnier; tél.: Bergère, 48-72.
Carasso Tovi, 134, bd Voltaire.
Caravias P., 6, pas. des Petites-Ecuries; tél.: Berg., 49-52.
Cario Albert, 130, bd Voltaire.
Cario Maurice, 28, rue de Grenelle.
Cario Nissim, 16, rue Sédaine.
Carmona Elie (Ap.), 25, rue de Montenotte; tél.: Wag., 45-19.
Carmona Jacques, 38, rue des Mathurins.
Carmona Raphaël (Ap.), 25, rue de Montenotte; tél.: Wag., 45-19.
Carmona Victor, 23, rue de Montenotte.
Carnos A., 129, rue de Turennes ; tél.: Arch., 47-19.
Caron, 10, rue de la Paix ; tél.: Gut , 60-51.
Caron et Cie, 9, faub. Poissonnière.
Cartier Bresson, 86, boulev. de Sébastopol ; tél.: Arch., 50-13.
Caspri et Deffais, 59, rue St-Lazare; tél.: Cent., 45-07.
Caspri José, 76, rue de Châteaudun.
Castoriano Joseph, 38, rue de Cléry; tél.: Louvre, 41-34.
Castariano Ventura et Cie, 100, r. d'Aboukir; tél.: Louvre 03-03.
Castro, 9, rue Bergère; tél.: Bergère, 39-46.

CASTRO & CIE, 87, rue Réaumur; téléph.: Louvre, 51-84.
Draperies, lainages ; Commission, Exportation.

Castro Jacques (Ap.), 4, bd. Voltaire; tél.: Roq., 86-97.

Castro Yomtov, 4, passage Maurice.
Catan Moïse, 1, rue Grange-Batelière.
Catan M., 7, rue de Provence.
Cauet U., 3, rue Neuve-Popincourt; tél.: Roq., 73-87.
Cazes et Cie, 64, rue des Archives.
Cazès Mme J. L., 37, rue des Archives ; Tél.: Arch., 53-16.
Cazès Joseph, 35, bd St-Michel.
Chafaroux frères, 4, rue Saint-Martin.
Chachati E., 8, rue Rochechouart ; tél.: Trud., 56-52.
Chachati frères, 14, rue St-Lazare ; tél.: Trud., 16-28.
Chalom Elie, 8, rue de Provence; tél.: Berg., 46-70.
Chalom Joseph, 20, avenue des Ternes.
Chalom M., 156, rue du faub. St-Honoré; tél.: Elys., 16-30.
Chalom V., 241, r. St-Honoré ; Louvre, 49-31.
Chambre Syndicale des fourrures et pelleteries françaises, 8, rue Montesquieu; tél.: Louvre, 51-39.
Chameroy Georges, 7, rue de Port -Mahon; tél.: Cent., 46-74.
Champeau P., 63, rue St-Sabin; tél.: Roq., 89-62.
Chanut, 63, rue de la Roquette ; tél.: Roq., 65-84.
Chantalou Maurice, 94, rue St-Denis ; tél.: Louvre, 19-07.
Charles Elias, 13, rue Chapon.
Charlot (établis.), 103, rue Lafayette.
Charmont et Cie, 82, rue de Turenne.
Charpentier G., 66, fg. Poissonnière; tél.: Cent., 65-72.
Châtelard Père et fils, 43, rue du Sentier; tél.: Gut., 31-19.
Chaudois Léon, 61, rue d'Hauteville.
Chauss. (*la Strasbourgeoise*), 16, r. Et.-Marcel; tél.: Gut., 58-35.
Chazelles P., 15, rue du Terrage ; tél.: Nord, 82-50.
Chehtré Djemil, 17, rue d'Hauteville; tél.: Cent., 01-88.
Chemla frères, 8, faub. Poissonnière; tél.: Gut., 19-56.
Chemla F. et V. frères, 155, bd. Magenta.
Chenal, Douillhet et Cie, 22, r. de la Sorbonne; tél.: Gob. 07-29.
Cheni B., 51-bis, rue Sedaine.
Cherkosky, 89, rue St-Denis; tél.: Cent., 46-57.
Chevalier, Appert, 30, rue de la Mare; tél.: Roq., 36-03.
Chevaliers Camille et Cie, 75, rue Turbigo; tél.: Arch. 31-00.
Chicurel Albert, 13, rue Montholon, tél.: Berg., 41-09.
Chicurel Joseph, 24, rue Beranger; tél.: Arch., 45-55.
Chicurel, les fils de M. et Cie, 17, rue d'Hauteville; Gut. 69-47.
Chicurel Marius, 1, place Voltaire.
Chicurel Maurice, 13, rue Montholon; tél.: Berg., 41-09.
Chinardet, 17, rue Lepic (prolongée).
Chocolat Poulain, Blois. Tél. : 18.
Chocolat Vinay, 45, rue du Parc, Ivry-sur-Seine.
Chohet Aron, 80, rue Lafayette.
Chotin Gaston, 85, rue Montmartre.
Choudard H., 104, fg. Poissonnière.
Choulam Joseph, 6, passage Violet.
Chrétien, 9, rue St-Ambroise; tél.: Roq., 07-20.
Cidey O., 23, rue de Cléry; tél.: Louvre, 46-02.
Cima T., 73, rue de Bondy.

-o- GLYCODONT, ROI DES DENTIFRICES -o-

Ciprut A., 116, rue Lafontaine.

Claus, 13, rue Oudry.

Clément Bauer, 34, rue Vivienne.

CLEMENT GOURDJI, 4, rue Edouard VII.
Négociant en pierres précieuses et perles fines.

Cloez G. M. et Cie, 10, place de la Bourse; tél.: Cent., 81-14.

Coenca et Perez, 129, rue Lafayette; tél.: Nord, 20-30.

Cohen A., 58, rue Richer; tél.: Bergère, 49-57.

Cohen Benjamin, 45, r. de la Chaus.-d'Antin; tél.: Trud., 35-52.

Cohen David, 78, rue Réaumur ; tél.: Cent., 63-68.

Cohen David H., 66, r. de Provence; tél.: Louvre, 24-69.

Cohen E., 12, rue des Halles; tél.: Central, 21-18.

Cohen frères, 25, rue Bergère; tél.: Gut. 65-11.

Cohen frères, 32, rue des Francs-Bour[illegible]

Cohen H., 23, fg. Poissonnière; tél.: Gut., 61-90.

Cohen H., 64, rue Taitbout; tél.: Trud., 58-33.

Cohen H., 9, rue Castiglione; tél.: Louvre, 38-17.

Cohen Isaac, 124, Boulevard Voltaire.

Cohen Isaac, 23-bis, rue Richelieu.

Cohen Is., 67, rue d'Aboukir.

Cohen J., 10, Cité Trévise.

Cohen J., 45-bis, route de Versailles; tél.: Aut. 12-33.

Cohen J., avocat, 10, r. de Washington ; tél.: Elys., 30-90.

Cohen J., 17, fg. Montmartre; tél.: Bergère, 40-37.

Cohen J. et J., 144, rue St-Denis; tél.: Gut. 53-18.

Cohen J. E., 58, rue Laffitte; tél: Trud. 62-30.

Cohen J. et M., 10, rue Saulnier; tél.: Berg., 48-35.

Cohen Jacob, 5, rue de Châteaudun.

Cohen Jacques, 58 fg,. Poissonnière; tél.: Louvre, 20-62.

Cohen Joseph, 125, rue de Javel.

Cohen Joseph B., 16, rue Choron.

Cohen Joseph, 18, rue Paul-Chenavard, Lyon.

Cohen Josué, 17, rue de l'Hôtel-de-Ville, Lyon.

Cohen Jules (Dr), 91, rue de Prony; tél.: Wag., 14-27.

Cohen M., (avocat), 3, rue Victor-Massé; tél.: Trud., 62-30.

Cohen M., 22, boulevard Poissonnière.

Cohen Michel, 150, rue du Théâtre.

Cohen Michel Jos., 111, bd. Voltaire.

Cohen R., 174, rue St-Martin; tél.: Arch. 07-74.

Cohen Raphaël, 3, rue Victor-Massé; tél.: Trud., 27-59.

Cohen Robert, 82, rue de Maux.

Cohen S., 29, rue de l'Echiquier; tél.: Louvre, 28-77.

Cohen Sam, 53, rue de Paris.

Cohen Saul, 28, rue Vivienne.

Colonomos Isaac, 44, rue d'Enghien; tél.: Cent., 14-74.

Colle André, 120, rue Réaumur; tél.: Cent., 14-41.

Collignon et Léger, 22, rue Oberkampf; tél.: Roq., 80-14.

Colmont Vve E., 35 et 39, av. de la République, Roq., 24-12.

Cie d'applications mécaniques, 15, Av. de la Grande-Armée.

Cie Centr. des Emeries et produits à polir, 33, bd Serrurier.

Cie Commerciale de l'Orient, 16, rue Le Peletier.

Cie Com. Nord-Améric., 77, r. d'Amsterdam; tél.: Cent., 79-81.

Cie Commerciale du Proche-Orient, 24, rue de Londres.

Cie Eleska, 20, rue Faraday.

Cie Française d'Alimentation, 48, rue des Petits-Ecuries.

Cie Française de Commerce, 25, rue Bergère.

Cie Française du Levant, 97, rue de la Victoire,

Cie Française de l'Orient, 19, rue St-Roch.

Cie Française pour le Commerce extérieur, 6, rue de Trévise.
Cie Française de Métaux, 7, rue du Cirque.
Cie Française de Plumes, 62, rue d'Hauteville.
Cie Franco-Syrienne de Com. et de Navigatoin, 6, r. St-Georges.
Cie Générale de Comm. et d'Ind. et Trans., 1-2, r. des Italiens.
Cie Générale d'Extrême-Orient, 132, fg. St-Denis.
Cie Générale Franco-Egyptienne, 6, rue St-Georges.
Cie Générale Franco-Syrienne (Bourse de Commerce).
Cie Générale des Papiers, 115, rue d'Hautpoule.
Cie Nationale des Papiers, 53, rue de Châteaudun.
Cie Nossubéenne d'Industrie et d'Agric., 9, r. Pillet-Will.
Cie Parisienne de Com. et d'Industrie, 107, rue de Rivoli.
Cie Parisienne d'Electricité, 11, avenue Trudaine.
Cie Parisienne Pyrophore, 124, Boulev. Magenta.
Cie du Proche-Orient, 24, rue de Londres.
Cie régionale d'Alimentation, 9, r. du Terrage; tél.: N. 71-26.
Comptoir Colonial Français, 28, rue de Trevise.
Comptoir Comm. Franco-Egypt., 8, rue Messageries; Gut., 20-71.
Comptoir d'Exportation, 34, rue d'Hauteville.
Comptoir de Ferro-Cerium, 62, r. Chaus.-d'Antin; Gut., 00-18.
Comptoir des Pays d'Orient, 36, r. de Liège; tél.: Centr. 91-82.
Comptoir de la [illegible], 5, r. de Montmorency; Arch., [illegible].
Comptoir du Ravitaillement, 47, rue Le Peletier.
Comptoir Electrique de France, 15, rue Buffon; Gob 13-18.
Comptoir Français de Fournit. Industr., 11, r. de Liège.
COMPTOIR FRANCE-LEVANT, 62, rue de Saintonge; téléph.: Arch., 44-03. — *Export: Quincaillerie, tissus, bonnet., etc.*
Comptoir France-Levant, 20, rue Aug. Vacquerie.
Comptoir Franco-Hellénique, 14, rue de Beaune.
Comptoir Franco-Néerlandais, 49, Bd. de Clichy.
Comptoir Gen. de Com. et d'Export., 33, Fg. Montmartre.
Comptoir Gen. Parisien, 79, rue du Temple; tél.: Arch. 36-19.
Comptoir International d'Export. et Imp., 5, av. du Coq.
Comptoir National d'Escompte, 14, rue Bergère.
Comptoir Métal. Français, 9, rue de Clichy.
COMPTOIR PERSAN, 30, r. des Bons-Enfants; tél.: Cent., 17-04. — *Tapis anciens et modernes, voiles d'Ispahan.*
Comptoir spécial d'Exportation, 36, Bd. Haussmann.
Consortium Commercial Privé, 4, rue Rameau.
Confino Léon, 59, rue Montmartre.
Consulat Royal de Bulgarie, 70, rue de Ponthieu.
Consulat Royal de Grèce, 4, rue Aug.-Vacquerie; Passy, 73-20.
Consulat d'Espagne, 6, cité Malesherbes; tél.: Trud., 58-37.
Contro et ses fils, 112, rue Réaumur; tél.: Gut., 43-95.

Contro G., 113, r. Réaumur; tél.: Louvre, 14-64.
Cori, 12, faub. Poissonnière; tél.: Berg. 40-39.
Cori D., 36, rue des Petites-Ecuries; tél.: Louvre, 48-57.
Cornuel, 89, rue Réaumur; tél.: Gut., 06-30.
Corkidhi A. D., 17, faub. Montmartre; tél.: Louvre, 0-49.
Corkidhi Albert, 10, Villa Stendhal; tél.: Roq., 72-72.
Cote, 3, rue du Mail; tél., Louvre, 23-21.
Cotonnière du Tonquet, 81, rue du Tonquet, Tourcoing (Nord).
Cotti Ernest, 8-bis, rue Martel; tél.: Bergère, 47-64.
Cotty, 13 bd de Versailles (Suresnes); tél.: Wag., 64-26.
Couriel Ephraïm, 43, rue Le Peletier.
Couriel E., 9, rue Buffault.
Courtessi et Parissi, 20, rue Richer; tél.: Bergère, 38-21.
Couston, 107, rue Réaumur; tél.: Cent., 51-11.
Couston Pierre, 198, rue de Vaugirard; tél.: Saxe, 23-97.
Couture Ch., 14, faub. Poissonnière; tél.: Gut. 58-58.
Covo, 5, avenue Flachat (Asnières); tél.: Nord, 29-04.
Covo Albert, 90, faub. St-Denis.

COVO ET BENVENISTE, 139, rue d'Aboukir; tél.: Gut., 25-77.
Bonneterie en tous genres ; Commission, Exportation.

Covo J. H., 24, r. de Dunkerque; tel: Nord, 29-04.
Covo Isaac, 13, rue Auber.
Covo Jacques, 28, rue de Trévise; tél.: Berg., 39-12.
Covo Léon, 28, rue de Trévise; tél.: Berg., 39-12.
Covo Menahem, 174, rue Saint-Martin.
Covo Nissim, 3, rue Victor-Massé.
Covo S., 139, rue d'Aboukir.
Cobo Samuel, 28, rue de Trévise; tél.: Berg., 39-12.
Cox et Cie, 33, rue du 4 Septembre; tél.: Gut., 78-24.
Cox Shipping Agency, 9, rue Port-Mahon; tel.: Louvre, 36-35.
Crayon Conté, 1, av. de Choisy.
Crédit Comm. de France, 20, rue Lafayette; tél.: Gut., 65-41.
Crédit Foncier d'Orient, 3, rue St-Georges; tél.: Trud., 21-69.
Crédit Foncier Egyptien, 14, r. Lafayette; tél.: Cent., 83-26.
Crédit Foncier de France, 46, r. Cambon; tel.: Cent., 47-78.
Crédit Foncier d'Algérie et Tunisie, 43, rue Cambon.
Crédit Lyonnais, 19, bd des Ital.; tél.: Gut. 05-47.
Cretenier et Mannheim, 21-bis, rue de Paradis; tél.: Cent.,58-87.
Crispin Raphaël, 7, rue Saulnier.
Crossard J. et Danjet, 26, rue Michel-Leconte; tél.: Arch., 24-38.
Cunge Tirpo et Cie, 5, rue Laffitte; tél.: Berg., 31-34.

D

MM.

Dagher G. et Cie, 22, pas. des Petites-Ecuries; tél.: Berg. 47-74.
Dabdoub Michel et Gabriel, 6, rue Saulnier; tél.: Louv., 07-77.
Dalbert Georges, 8, rue Lacroix.
Dalsème fils, 18, rue St-Marc.
Daltroff Julien, 17, rue de Cléry; tél.: Gut., 03-59.

DANIEL MAZLOUM, 79, fg St-Denis; tél.: Cent., 90-24 et Crépy-en-Lanois (Aisne); tél.: 21. — *Architecte-Expert.*

Danon A., 16, rue Le Peletier; tél.: Louvre 22-66.
Danon A. (ing.), 44, avenue Niel; tél.: Wag., 53-92.
Danon Abram (Révérend), 1, square Clignancourt.
Danon A. et fils, 18, rue des Jeûneurs; tél.: 47-64.
Danon A. et Cie, 90, rue d'Amsterdam; tél.: Cent., 17-58.

Danon Alfred, 42, rue Meslay.
Danon J. 4, rue Cail, tél.: Nord, 56-95.
Danon J., 24, av. Victor Hugo; tél.: Passy, 66-95.
Danon J. et Cie, 9, rue Pillet-Will; tél.: Gut., 33-31.
Danon R., 13, fg. Montmartre ; Cent. 95-10.
Danon Raph., 29, rue Rouier.
Danon Sylvain, 95, boul. Haussmann.
Danset, 24, rue de Lyon.
Darasse frères, 13, rue Pavé, tél.: Arch., 21-00; 21-01.
Dassas Alfred, 11, rue des Jeûneurs; tél.: Louv. 41-86.
Dassas James, 2, av. Moderne; tél.: Nord, 87-56.
Dassas J. et Jahiel frères, 22, r. Poissonnière; tél.: Berg., 51-72.
Daudé G. et Cie, 79, rue du Temple; tél.: Arch., 24-66.
Daudé A., 11, rue de Mulhouse, tél.: Gut., 73-46.
David Joseph, 79, rue St-Denis.
David, 8, cité Rougemont; tel.: Berg., 41-14.
Deblanc et Cie, 10, Passage Viollet.
Decaix Ph., 2., rue de la Folie-Méricourt; tél.: Roq., 71-35.
De Coene et fils, 45, rue des Petites-Ecuries; tél.: Berg., 37-70.
Dehesdin et fils, 91, rue Réaumur ; tél.: Gut., 31-57.
Deitz Edmond, 56, rue d'Aboukir; tél.: Gut., 56-48.
Delabarre et Cie, 3, 8, rue de Metz ; tél.: Nord, 88-95.
Delacoste et Cie, 7, rue Notre-Dame de Nazareth; Arch. 30-94.
De Las Heras et Cie, 62, rue Chaussée-d'Antin.
Délégation Arménienne, 9, rue Bocador; tél.: Elys., 18-72.
Délégation Egyptienne, 40, r. Marbeuf; tél.: Passy, 75-28.
Délèze Adrien, 72, rue Taitbout; tél.: Gut., 11-35.
Deloince, 93, faub. St-Martin.
Deloume, 42, rue Meslay ; tél.: Arch., 12-11.
De Mayo A., 10, square Clignancourt.
Démery, 6, rue Morot.
Demesse et Cie, 109, faub. St-Honoré; Elys., 55-91.
Demitriadis, 3-bis, rue de Bagneux.
Déraisme, 167, rue St-Maur; tél.: Roq., 36-34.
De Revry, 87, boulev. Beaumarchais.
Derin, 25, rue Grenier-St-Lazare.
Deroy et Forestier, 32-34, rue Corbeau.
Desbonnets Edmond, 48, rue faub. Poissonnière; Gut., 25-03.
Desfray et Cie, 9, Cité Joly; tél.: Roq., 91-54.
Desnoyers, 41, rue d'Enghien; tél.: Gut., 33-73.
Despradelle, 23, rue d'Enghien; tél.: Gut., 42-28.
Detté, 92, quai Jemmapes; tél.: Nord, 07-64.
Devidas N., 126, rue de la Chapelle.
D'Hue, 46, rue des Marais.
Dieu Louis et Cie, 51, rue d'Hauteville.
Devillers, 6, rue St-Victor.
Dijetti I., 15, rue Beaurepaire.
Dieuhérian P., 53, fg. Montmartre; tél.: Trud., 25-34.
Djivre, 3, rue Bleue.
Djivre frères, 14, rue Flatters.

D. N. ARDITTI, 33, rue d'Hauteville; tél.: Cent., 15-24.
Importation-Exportation.

DOCTEUR A. SCIAKI, 30, rue Desremonde; tél.: Wag., 30-17.
Mardi, jeudi, samedi, de 3 à 6 heures.

DOCTEUR A. SCIAKI, 13, fg Montmartre; tél.: Berg., 38-93.
Lundi, mercredi, vendredi, de 3 à 6 heures.

DOCTEUR BERTRAND. — Vichy. — Villa les Adrets; téléph.: 4-65. — *Médecin consultant.*

DOCTEUR J. YACOEL, 14, rue de Tilsit; téléph.: Elysée, 68-68.
Lundi, mercredi, Vendredi, de 2 à 3 h. et sur rendez-vous.

DOCTEUR J. ZADOCK, 3, Square Moncey; tél.: Louvre, 01-35.
Ancien Interne des Hôpitaux de Paris. — Voies urinaires.

DOCTEUR MICHEL ARAMA, 4, rue Pierre-le-Grand; téléph.: Elys., 21-04.— *Reçoit sur rendez-vous.*

DOCTEUR S. PELOSOF, 38, rue de Bellefond.
Médecin consultant.

Docteur Pierre, 120, Av. des Champs-Elysées; tél.: Elys., 54-61.
Dolmann Saul, 142, rue Montmartre.
Dolmann Léon, 31, rue Condorcet.
Douailly et Caramanos, 2, rue de Provence; tél.: Trud., 36-35.
Doueck et Lévy, 96, rue d'Aboukir; tél.: Gut., 02-71.
Douillon et Cie, 22, passage des Petites-Ecuries; Berg., 43-13.
Doullay, 23, rue du Sourd (Asnières).
Doumovetz, Wladimir, 23, rue Joubert.
Dorin, 5, av. Ledru-Rollin; tél.: Roq., 66-26.
Dreyfus, 10, faubg Poissonnière; tél.: Berg., 36-82.
Dreyfus, 151, rue du Temple; tél.: Arch., 36-27.
Droguerie de Rome, 15, rue de Rome; tél.: Wag., 85-19; 62-29.
Droit F., 183, rue St-Denis; tél.: Louvre, 02-88.
Droussant et Croie, 19, rue du Sentier; tél.: Cent., 73-86.
Droz Robert et Cie, 11, rue Chapon; tél.: Arch., 37-37.
Dubail, Petit et Cie, 20, Chaussée-d'Antin; tél.: Cent., 10-84.
Dubernard Louis, 6, rue du Pas-de-la-Mule; tél.: Arch., 44-08.
Dubief et Blum, 62, rue St-Lazare; tél.: Trud., 61-38.
Dubois Louis et Cie, 89, faubg Poissonnière; tél.: Louv., 02-33.
Duclos Maurice, 104, rue de Richelieu. tél.: Gut., 56-17.
Duenias Maurice, 11-bis, rue Baudin.
Dugas A., 22, rue Drouot.
Dulac Paul, 5, rue de Valois; tél.: Gut., 67-30.
Dumany frères et Cie. 35, r. d'Hauteville; tel.: Berg., 39-98.
Dupont E. et Cie, 44, rue de Turbigo; tél.: Arch., 23-27.
Dupuy et Girand, 13, r. Grange-Batelière; tél.: Louv., 44-61.
Durieux et Cie, 13, rue des Petites-Ecuries; tél.: Gut., 14-55.
Dussart E., 110, rue Réaumur.
Duvoir A., 15, rue des Halles; tél.: Centr., 65-05

E

MM.

E. AMAR, 46, r. du Caire et 101, r. Réaumur; Gut., 77-18.
Soieries, lainages, tissus en tous genres.

E. CHENIVESSE, 21, fg. St-Antoine; téléph.: Roq., 09-25.
Exploitations forestières (Bulgarie).

Eddé et Dénériaz, 23, rue St-Lazare; tél.: Cent., 37-65.
Edmond Contré et Cie, 22, cours du Chapeau-Rouge, Bordeaux.

EDOUARD MOSSERI, 35, rue d'Aboukir.
Soieries, velours, draperies, bonneterie soie.

Eftyhidès Z., 9, rue Choron; tél.: Trud., 64-71.
E. HULET, 24, rue Chauchat; téléph.: Louvre, 46-69.
Toutes pièces de rechange FORD.
Elias H., 226, r. St-Denis.
Eliakim J., 31, bd Pereire.
Elie (Maison K.), 43, rue de Saintonge; tél.: Arch., 45-48.
Elie Samuel, 1, rue St-Marc.
Eliezer H., 14, rue Martel.
Eliezer Nissim, 22, rue Taylor.
Elisabeth, rue Richepanse; tél.: Louv., 06-39.
Elnécavé Jos., 71, rue St-Maur.
Emailleries de la Sarre, 1, rue Curie (Suresne); Wag., 83-91.
Emienidès K., 44, rue Taitbout.
Emile Jacob, 4, rue Martel.
Enault et Cie, 23, rue d'Angoulême.
Enriquez E. (Dr), 127, bd. Haussmann; tél.: Elys., 49-21.
Enriquez Joseph, 9, rue Bergère; tél.: Berg., 39-46.
Enriquez Léon, 47, rue des Petites-Ecuries; tél.: Cent., 18-64.
Entrepôts alimentaires, 25, boulev. Flandrin; tél.: Passy, 99-62.
Epelbaum, 46, rue de l'Echiquier; tél.: Berg., 43-08.
Ephraïm A., 28, rue Basfroi.
Epoudry J., 80, rue d'Hauteville; tél.: Berg., 45-91.
Erard et Légo, 67, rue des Archives.
Erasmic, 15, rue du Temple; tél.: Arch., 40-22.

ERES, 108, boulevard Haussmann; téléph.: Louvre, 86-18; 390, rue Saint-Honoré; téléph.: Louvre, 38-47.
Spécialité de bonneterie pour dames.

Errera Abram, 18, rue d'Hauteville; tél.: Berg., 43-16.
Errera A. (Ap.), 3, r. Villaret-de-Joyeuse; tél.: Wag., 37-77.
Errera Guillaume, 20, rue Poissonnière; tél.: Cent., 10-42.
Errera Guillaume (Ap.), 33, rue de Berry; tél.: Elys., 50.77.
Errera H., 107, rue Réaumur.
Errera Elie, 5, square Moncey; tél.: Cent., 40-10.
Errera Jacques (Ap.), 52, bd. Rochechouart; tél.: Nord, 90-44.
Errera et Nahum, 5, rue de Provence; tél.: Berg., 36-41.
Errera Dario, 9, rue Bergère.
Errera Salvator, 3, rue Félix-Ziem; tél.: Marcadet, 04-21.
Errera Vitalis, 44, rue Condorcet.

Errera frères, 35, rue de Cléry; tél.: Gut., 60-15.
Errera Jules, 29, rue de Trévise; tél.: Cent., 59-06.
Errien frères, 68, rue Turbigo; tél.: Arch., 10-65.
Escaloni Isaac, 13, rue Auber.
Eskenazi A., 24, rue du Caire; tél.: Cent., 87-07.
Eskenazi Albert, 92, rue Rochechouart.
Eskenazi, Behar, 45, rue Servan.
Eskenazi, Behar et Behor, 83, rue d'Aboukir; tél.: Cent., 06-80.
Eskenazi Elie, 39, rue de Paradis; Berg., 51-38.
Eskenazi et Cie, 12, faubg Poissonnière.
Eskenazi et Lévy, 61, faub. St-Denis.
Eskenazi F., 101, faubg St-Denis.
Eskenazy Henri, 174, Grande-Rue, Garches; tél.: 74.
Eskenazi Israël, 14, rue Lamartine.
Eskenazi Jacques, 37, rue des Petits-Carreaux; tél.; Gut., 58-40.
Eskenazi Jacques, 140, boulv. Voltaire.
Eskenazi Jacques, 17, r. du fg Montmartre.
Eskenazi Jos., 1, rue St-Maur.
Eskenazi M., 17, rue de la Grange-Batelière.
Eskenazi Moïse, 4, rue de Bellefond.
Esmerard et Langlet, 30, r. Aug.-Blanqui (Gentilly); Gob., 06-64.
Esmerard, 11, rue Ferdinand Duval.
Esmérian J., 26, rue Cadet; tél.: Louv., 07-94.
Espérance M., 97, rue Lafayette.
Estrougo et Cie, 123, bd. Sébastopol; tél.: Louv., 39-07.
Estrougo et Cie, 72, rue Sédaine; Roq., 90-76.
Estrougo Salomon, 126, av. Philippe-Auguste.
Estroumza J., vétérinaire, Nogent-sur-Marne.
Estroumza Joseph, 15, rue de Trévise.
Etablissements Déloche, 44, rue St-Nicolas, Nancy, Tel.: 6-86.
Etablissement Tiano, 27, Butte de la Loire.
Etablissements Dumontier et Cousin, La Membrolle-s/Choisille.
Etablissement Laurent Richard, 6, rue Taitbout.
Etablissements Armostre, 12, rue Sédaine.
Etablissements Chauvelon et Leclère, 28, rue des Pet.-Ecuries.
Etablissements Modernes, 15, rue d'Enghien
Etablissements E Place et Cie, 4, r. du Pas-de-la-Mule.
Etablissements H. Mantez, 22, rue de l'Echiquier; Cent., 54-36.
Etablissements J. Delière, 112, rue du Temple.
Etablissements Mottu, 82, r. du Dessous-des-Berges.
Etablissements Orosdi Back, 126, rue Lafayette.

ETABLISSEMENTS SCIAKY FRERES, 26 et 29, rue de Trévise; téléph.: Bergère, 47-72 et 38-63; Cent., 39-06. *Matériel téléphonique complet; téléphonie privée.*

E. Thiriet et Cie, 104-bis, rue Pelleport; tél.: Roq., 71-87.
Etienne et Cie, 41-bis, rue d'Hauteville; tél.: Berg., 49-45.
Etienne Thomas, 2, rue de Gretry.
Evlagon Isaac, 4, rue Popincourt.
Expansion Commerciale; 7, cité d'Hauteville; tél.: Berg., 48-15.
Expansion française, 46, rue St-Placide.

EXPANSION SCIENTIFIQUE FRANÇAISE, 23, rue du Cherche-Midi. *Impression et tous travaux d'édition.*

Ezratty Henri, 3, rue d'Hauteville; tél.: Bergère, 37-01.
Ezratty Isaac, 51, rue d'Aboukir; tél.: Gut., 22-02.
Ezratty Jacques, 7, cité Trévise; tél.: Louv., 49-26.
Ezratty Marc, 3, rue d'Hauteville; tél.: Berg., 37-01.

F

MM.

Faïenceries de Longchamps, 17-bis, r. de Paradis; Cent., 58-77.
Faïenceries de Sarraguemines, 28, rue de Paradis; Cent., 56-26.
Faïenceries de Choisi-le-Roi, 18, rue de Paradis; Gut., 04-87.
Faïenceries de Gien, 50, rue d'Hauteville; tél.: Gut., 30-16.
Faïenceries Les Arboras, 52, rue de Paradis.
Faïenceries de la Sarre, 10, rue des Entrepreneurs; Saxe, 46-51.
Falk René, 43, rue d'Enghien; tél.: Cent., 72-29.
Fanet Ernest, 35, rue Beaubourg; tél.: Arch., 35-69.
Faraggi A., (Dr), 22, rue Forcroy; tél.: Wag., 51-49.
Faraggi Elie, 11, rue de Valencienne.
Faraggi, 11, rue Jouffroy.
Faraggi Victor (avoc.), 41, rue des Martyrs; tél.: Trud., 59-40.
Faraggi E. (ing.), 176, Quai Jemmapes; tél.: Nord, 21-18.
Farhi Albert, 2, rue Faidherbe; Roq., 87-88.
Farhi Robert, 42, rue d'Hauteville.
Farhi Sasson, 42, rue d'Hauteville.
Fatoullah, 11-bis, rue de Maubeuge.
Fayard E., N. Saba et Cie, 8, rue Martel; tél.: Trud., 10-75.
Faure, 62, faubg. Poissonnière; tél.: Berg., 49-88.
Feissel Fernand, 25, boulv. Bonne-Nouvelle.
Fernainé, 116, faub. Poissonnière; tél.: Louvre, 15-50.
Fernandez Gino, 64, rue de Richelieu; tél.: Louv., 05-12.
Fernandez Robert, 10, rue Royale, Louv., 49-97.
Fernandez Robert (Ap.), 36, bd. Malesherbes; tél.: Louv., 49-98.
Ferré, 56, faubg. Poissonnière.
Ferro-Cérium Gilbert, 42, boul. du Temple.
Fichet, 20, rue Guyot; tél.: Wag., 13-69.
Flachot et Crolte, 9, rue Boissy-d'Anglas.
Fleurot, Pelecier et Magnier, 40, rue de Chabrol.
Florentin, 40, fg. Montmartre; tél.: Berg., 46-37.
Florentin Isaac, 55, rue Saulnier.
Florentin A., 40, rue du Rendez-vous; tél.: Roq., 38-57.
Florentin Jacques, 5, rue Saulnier.
Florentin Albert, 12, rue Baudin.
Florentin Jacob, 16, avenue Mac-Mahon.
Florentin Max, 13, rue Auber.
Florentin Mario, 33, rue du Caire; tél.: Louv., 18-78.
Florentin S., 3, boulevard Montmartre.
Florentin David J., 3, boulev. Montmartre.
Florès A., 250, rue St-Martin; tél.: Arch., 41-56.
Florès Albert, 79, rue N. D. de Nazareth.
Florès David, 74, rue du Temple.
Fua Albert, 37, rue Cluseret, Suresnes.
Foncier de France, 52, rue St-Georges; tél.: Trud. 57-40.
Fonderies de Vaugirard, 18, rue Yvart; Saxe, 80-54.
Forest et Lefilleul, 22-bis, rue Jouffroy; tél.: Wag., 12-73.
Foret, 118, rue de Rivoli; tél.: Gut., 58-73.
Formès Raph., 7, rue de Maubeuge.
Fortailler P., 159, fg Poissonnière; tél.: Trud., 59-83.
Fourey A., 57, rue des Vinaigriers.
Fournès et Cie, 32, rue de la Source; tél.: Aut., 04-41.
Fournès M., 13, rue Kléber.
France Europe Orientale, 6, rue de Hanovre.

France « Outre Mer », 3, rue du faubg St-Honoré; Elys., 64-33.
France Expansion, 23, av. Messine;; tél.: Elys. 51-05.
France-Export, 9, rue Laffitte.
France Exportation, 91, rue Lafayette; tél.: Trud., 60-95.
France-Orient, 4-bis, rue Dumeril; tél.: Gob., 47-20.
Franco Gad, 17, rue Caumartin; tél.: Louv., 00-56.
François, 231, rue St-Denis.
François Bansel et Cie, 7, place du Combat.
Frandji Léon, 25, rue Cambacérès.
Frank, 67, av. Gambetta; tél.: Roq., 70-65.
Fransès, 15, rue d'Hauteville; tél.: Berg., 47-32.
Francès B., 139, rue de Rome.
Fransès David, 83, r. de Levis; tél.: Wag., 72-67.
Francès F., 9, rue des Petits-Hôtels; tél.: Nord, 16-00.
Francès frères, 5, rue Feydeau.
Francès I., 27, rue Poissonnière.
Francès J., 17, rue de la Grange-Batelière; tél.: Berg., 43-15.
Francès Léon, 26, rue Henri-Monnier.
Francès M., 14, rue Jeanne-Hachette.
Francès Maurice, 91, rue Rochechouart.
Fransès S., 6, rue Meissonnier; tél.: Wag., 35-21.
Francès S. M., 15, rue d'Hauteville.
Francès Sylvio, 24, rue Béranger; tél.: Arch., 45-55.
Fresco L. D., 10, rue d'Hauteville; tél.: Berg., 44-17.
Fresco Jacques, 18, rue de la Grange-Batelière.
Friedmann N., 21, rue d'Hauteville; tél.: Berg., 38-61.
Fromageau, 68, rue Réaumur; tél.: Arch., 41-66.
Fromholt, 49, rue d'Amsterdam; tél.: Cent., 04-13.
Fromm et Mayer, 62, rue de Turbigo; tél.: Arch., 43-41.
Fructidor, 110, rue de l'Université; tél.: Saxe, 68-23.
F. et Th. Frey, Guebviller (Haut-Rhin); tél.: 27.

MM.

G

Gabay L. V., 54, rue d'Aboukir; tél.: Gut., 51-23.
Gabay H. J., 15, rue Jeoffroy-Marie.
Gabay J., 23, rue d'Hauteville; tél.: Cent., 89-38.
GABRIEL CARASSO. — Lyon. — 48, rue Centrale.
Gagneur et Cie, 17, rue d'Hauteville; Gut., 57-45.
Gaillet, 54, rue de Clichy; tél.: Gut., 36-58.
Galimidi M., 51, rue des Bourgignons.
Gamard et Lemoigne, 8, rue Thorigny; tél.: Arch., 22-97.
GARAGE TORRES, 28-bis, rue Lacordère; téléph.: Saxe, 02-44.
Automobiles, taxis, location, vente, réparation.
Garguir M., 44, rue du Caire; tél.: Louvre, 19-99.
Gastine Michel, 72, r. d'Hauteville; tél.: Berg., 48-89.
GASTON SALTIEL, 2, rue de la Bienfaisance; tél.: Wag., 13-98.
Chirurgien-Dentiste. Reçoit sur rendez-vous.
Gaston Verdier, 19, boulev. de Strasbourg.
Gaston, Williams et Wigmore, 1, rue Taitbout; Louvre, 19-62.
Gattegno Albert, 102, rue d'Aboukir; tél.: Louv., 33-54.
Gattegno Albert (ap.), 116, fg. Poissonnière.
Gattegno Alfred, 15, rue Rochechouart.
Gattegno H., 4, rue de Trévise.
Gattegno Isaac, 28, rue Vivienne.
Gattegno Jacques, 11-bis, rue Baudin.
Gattegno Maurice, 104, boulev. Voltaire.

Gattegno Maurice, 22, rue Moyenne, Bourges.
Gattegno Michel, 9-bis, rue Quinault.
Gault, 27, rue Taitbout; tél.: Berg., 40-22.
Gellé Frères, avenue d'Opéra; tél.: Cent., 37-56.
Gelis et Didot, 265, rue St-Honoré; tél.: Cent., 76-20.
GENERALA, 20, place Vendome; téléph.: Cent., 20-58; Louvre, 41-29 à 31. — *Société Roumaine d'Assurances générales.*
Georges Pesle, 115, rue de Flandre.
Gerard Georges, 30, rue Sorbier.
G. ERRERA & Cie, 20, rue Poissonnière; tél.: Cent., 10-42. *Bonneterie, gros, demi-gros.*
Germaine Bloch, 93, boulev. Sébastopol.
Germain A. et Cie, 56, fg. Poissonnière; tél.: Berg., 45-95.
Gerson Lévy, 17, rue Cadet.
Gerson G., 4, cité d'Hauteville; tél.: Gut., 53-76.
Gessua J. (Dr.), 137, bd. Haussman; tél.: Elys., 50-12.
Gestin, 18, rue Fernand Flocon; tél.: Nord, 23-40.
G. FERNANDEZ, 64, rue Richelieu; téléph.: Louvre, 05-12. *Représentation-Commission.*
Gilbert, 42, bd. du Temple; tél.: Roq., 81-16.
Ginet, 20, avenue de l'Opéra; tél.: Louvre, 07-17.
GIVRE ET HASSON, 3, rue Bleue; téléph.: Louvre, 14-81 *Applications générales de l'électricité.*
GLYCODONT, 59, faubourg Poissonnière; téléph.: Berg., 37-09. *Le roi des dentifrices universellement adopté.*
Goin, 17, bd du Temple; tél.: Arch., 22-23.
Goldenthal A. et A. Krauss, 53, rue de Chabrol.
Gomont et Bénard, 12, rue Vivienne; tél.: Gut., 56-69.
Gonard, 7, rue Fromentin; tél.: Gut., 13-64.
Gondrand frères, 22, rue de la Douane; tél.: Nord, 40-10.
Gourdji Elias, 14, rue des Capucines; tél.: Cent., 81-49.
Gourdji, 56, rue de Courcelles.
Gourdji Clément, 4, rue Edouard VII.
Gourdji S., 1, rue Piccini; Passy, 17-43.
Gourdji Salih, 63, av. des Champs-Elysées.
Graaf (de) B. et D., 32, fg. Poissonnière; tél.: Cent., 19-35.
GRANDS HOTELS BREBANT ET BEAUSEJOUR REUNIS, 30-32, bd. Poissonnière; tél.: Gut., 33-53 et 25-54.
Grands Magasins Hannaux, 49, rue d'Hauteville.
Gravereaux, 26, rue Château-Landon; tél.: Nord, 04-44.
Griffon, 18, Cité Lemière; tél.: Nord, 90-34.
Grimard et Laperrière, 39, bd de Port-Royal.
Grinberg, 9, rue des Lions; tél.: Arch., 12-97.

Grosse et Angel, 43, rue Servan; tél.: Roq., 64-98.
Gruenais A., 25, av. Laplace, Arcueil-Cachan (Seine).
Grundorf Mayer, 32, av. Wagram; tél.: Elys., 50-29.
Guedalia Simon, 40, rue de Trévise; tél.: Berg., 41-22.
Guedalia Daniel, 40, rue de Trévise; tél.: Berg., 41-22.
Guedalia Léon, 40, rue de Trévise; tél.: Berg., 41-22.
Guerault et Lemarinier, 239, rue St-Martin; tél.: Arch., 37-71.
Guérin, 28, rue des Petites-Ecuries.
Guérin frères, 10, rue de Laborde; tél.: Wag., 07-68.
Gueron J., 9, rue Mazagran; tél.: Louv., 41-28.
Gueron Is., 55, rue de Billancourt.
Guilbaut et Cie, 18, rue Oberkampf.
Guillaume, 7, rue Pastourelle.
Guillemoteau, 26, rue Richer.
Guillermain Robert, 39, rue de Chartres, Neuilly-sur-Seine.
Guinard, 5, rue de l'Entrepôt.
Guingand et Cie, 6, fg Poissonnière; tél.: Gut., 42-40.
Guitard, 70, faub. Poissonnière.
Guniaud, 54, rue de Lancry.
Gustave Réquillart et fils, 104, r. Réaumur; tél.: Gut., 25-62.
Gustave Marguerite, 2, rue des Archives; tél.: Arch., 27-77.
Gustave Rothschild, 13, rue Grange-Batelière.

H

MM.

Habib A., 65, av. Niel; Wag., 12-74.
Habib Albert, 26, rue de Clichy.
Habib M., 56, r. Lafayette; tél.: Berg., 40-74.
Habib Maurice, 3, rue Picot; tél.: Passy, 31-76.
Habib Salomon, 15, rue Taitbout.
Habib S. de R., 48, fg. St-Denis; tél.: Nord, 46-79.
Haïm Robert, 65, et 114, r. de Rivoli.
Hacco, Christie et Cie, 6, rue de Châteaudun.
Hackenbrocq J., 17, rue de Trévise; tél.: Louv., 03-52.
Haddad Simon, (Dr), 62, rue des Dames; tél.: Marcadet, 23-96.
Haïm Moïse, 3, rue Frochot.
Haïm Isidore, 21, place de la République; arch., 06-94.
Haïm Cohen, 29, bd. Rochechouart; tél.: Trud., 24-49.
Haïm S., 34, rue d'Hauteville; tél.: Berg., 50-31.
Haïm Robert (Ap.), 43, bd. de Strasbourg; tél.: Nord, 72-26.
Hakim Joseph, 4, rue Rameau.
Halevy Abram, 17, faub. Montmartre.
Hallivis J. et Is. Colonomes, 44, r. d'Enghien; tél.: Cent., 14-74.
Hananel Albert, 134, boulev. Voltaire.
Hananel Moïse, 29, rue de Salleneuve.
Hananel A., 84, rue d'Aboukir; Cent., 69-70.
Hané et Toussié, 11, r. Poissonnière; tél.: Cent., 06-80.
Hané S., 54, rue Godefroy.
Hassan A., 23, fg. St-Denis; tél.: Cent., 22-67.
Hassan Benjamin, 50, r. de Paradis.
Hassid Albert, 72, fg. Poissonnière.
Hassid David, 67, rue d'Aboukir.
Hassid Elie, 29, rue de Trévise.
Hassid Isaac, Elie, .3, rue des Martyrs.
Hassid Jacques, 40, rue de Trévise; tél.: Berg., 41-22.
Hassid José As., 13, rue des Martyrs.
Hassid Peppo, 11, rue des Jeûneurs.

Hassid Pierre, 28, rue d'Enghien; tél.: Berg., 45-67.
Hassid Sabetaï, 3, rue Cadet.
Hasson Alfred, Elie et H., 33, rue N. D. de Lorette.
Hasson A. V. et frères, 7, faubg Montmartre.
Hasson frères, 6, Cité Trévise; tél.: Berg., 41-28.
Hasson et Moussafir, 55, r. des Petites-Ecuries.
Hassoun, 3-bis, rue Jouffroy; tél.: Wag., 01-10.
Hattem Haïm, 10, rue des Martyrs.
Hattem Isaac, 7, rue Lantonnet.
Hattem Léon, 29, rue Bleue; tél.: 36-56.
Hattem Victor, 10, Chaussée de la Muette.
Hattem Vidal, 35, rue de Bellefond.
Hayat, 64, fg. Poissonnière.
Hayem J. et Cie, 38, rue du Sentier; tél.: Gut., 26-99.
HAZZAN ET BERAHA. — Lyon. — 33, rue de l'Hôtel-de-Ville.
H. BERESSI, 18, rue Bachaumont; téléph.: Gut., 33-15.
Tissus de coton, gros, demi-gros.
Helbronner, 29, boulev. des Italiens; tél.: Gut., 24-93.
Helft et fils, 7, rue Herold; tél.: Cent., 99-95.
Hemsi A., 8, rue de la Bienfaisance; tél.: Wag., 78-62.
Hemsi Moreno (Carpet Cie), 14, rue St-Fiacre; tél.: Cent., 96-37.
Hemsi Marco, 14, rue St-Fiacre; tél.: Cent., 96-37.
Hemsy, 227, rue St-Honoré; Gut., 05-87.
Hemsy Léon, 135, bd. Haussmann; tél.: Elys., 23-48.
Henri, 19, rue Chapon.
HENRI AMAR, 18, rue d'Hauteville ; téléph.: Berg., 43-16.
Exportation-Importation-Commission.
Hepner et Mosès, 3, r. d'Hauteville; tél.: Berg., 38-64.
Hequim Moïse, 9, rue Sédaine.
Héraclée (Société d'), 21, rue de Londres; tél.: Cent., 35-04.
Hermann Saül, 12, fg. Poissonnière; tél.: Berg. 47-07.
Hermann J., 59, rue Rambuteau; tél.: Arch., 39-66.
Hermanos Lévy, 32, rue d'Hauteville.
Herzfeld Rodolphe, 33, rue des Petites-Ecuries.
H. EZRATTY, 3, rue d'Hauteville; téléph.: Berg., 37-01.
Soieries, lainages, cotonnades, commission-exportation.
Higtenof, 13, rue de Londres; tél.: Gut., 76-81.
Hilel B., 2, av. Marceau.
Hilel Léon, 4, boulev. Magenta.
Hinand, 20, rue Botzaris; tél.: Nord, 16-31.
Hirmaos, Michel et Cie, 21, rue de Paradis; tél.: Cent.: 41-19.
Hirsch G., 20, rue des Quatre-Fils; tél.: Arch., 40-42.
Hiva Abram, 3, rue du Général-Baise.
H. JAHIEL. — Lyon. — 29, rue Centrale.
H. MATALON, 3, rue Lantonnet. — *Menuisier.*
Hochapfel et Cie, 4, rue Martel; tél.: Gut., 30-42.
Hodara Isidore, 232, boulev. Voltaire.
HOTEL MONTE-CARLO, 10, boulevard des Italiens; téléph.: Cent., 66-00. — *M. Roth, propriétaire.*

Holtz Paul, 23, rue de l'Entrepôt, Nord, 12-83.
Holtz et Cie, 34, faubg Poissonnière; tél.: Louv., 42-99.
Hotte G., 6, rue de Rougemont; tél.: Louv., 50-51.
Houbigant MM. Javal Bienaimé, 19, fg St-Honoré; Elys., 01-28.
Houilliot, 60, rue N. D. de Nazareth.

H. SALTIEL, 13, fg. Montmartre; téléph.: Berg., 38-93.
Cabinets Dentaires Modernes.

Huch, 76, bd de la Villette.
Huchery G., 206, bd Voltaire; tél.: Roq., 17-00.
Huissmann L. et Cie, 43, bd de Strasbourg.
Husser, 13, rue d'Alexandrie; tél.: Louvre, 24-13.
Husson et Cie, 82, r...

I

MM.

IMPRIMERIE «GRAPHIQUE», 15, r. St-Gilles; tél.: Arch., 49-00
Travaux en toutes langues.

I. A. NAHMAN, 36, rue de Trévise; téléph.: Berg., 54-01.
American C°, for International Commerce.

I. CARASSO, 8, faubourg Montmartre; téléph.: Cent., 68-02.
Importation-Exportation-Commission.

I. H. COVO, 24, rue de Dunkerque; téléph.: Nord, 29-04.
Chirurgien-Dentiste de la Faculté de Médecine.

I. J. JAHIEL, 17, fg. Montmartre; téléph.: Louvre, 45-09.
Tissus, bonneterie, agent de fabrique.

I. MATARASSO. — Lyon. — 11, place Croix-Paquet; téléph., 69-59. — *Soieries, nouveautés, crêpes de chine.*

Imprimeries Réunies, 97, rue de Metz. Nancy; tél.: 6-48.
Injey E. et H. Rigail, 62, r. de Saintonge; tél.: Arch., 44-03.
Institut de Beauté, 26, place Vendôme; tél.: Cent., 43-30.
Institut Médical Moderne, 30, av. Alex.-Bertrand, Bruxelles.
Irmanos L., 33, rue Bergère.
Israël Albert (Ap.), 31, boulevard Pereire.
Israël frères, 14, rue des Jeûneurs; tél.: Cent., 25-48.
Israël Georges, 32, rue de Bondy; tél.: Nord, 73-57.
Israël L., 16, rue Portefoin ; tél.: Arch., 06-71.
Israël M., 7, rue d'Enghien; tél.: Cent., 25-26.

J

MM.

Jacir (S.) frères, 6, boulev. de Strasbourg; tél.: Nord, 40-67.
Jacob ., 40, rue Laffitte.
Jacoubovich et Romano, 15, rue St-Gilles; tél.: Arch., 49-00.

JACQUES ET SAM BENVENISTE, 40, rue d'Hauteville; téléph.: Berg., 36-17. —*Commission, représentation, Import-Export.*

JACQUES HALLIVIS ET ISAC COLONOMOS, 44, rue d'Enghien; tél.: Cent., 14-74. — *Importation-Exportation-Commission.*

Jacquet V., 60, rue du Théâtre; tél.: Saxe, 85-66.
Jaffé H., 101, bd Voltaire.
Jaffé F., 110, rue Réaumur.
Jageneau et Cie, 38, rue Cardinal-Lemoine; tél.: Gut., 55-93.
Jahiel I. J., 17, fg Montmartre; tél.: 45-09.

Jahiel I. J., 61, rue d'Hauteville.
Jahiel Jos. I., 17, faub. Montmartre; tél.: Louv., 45-09.
Jahiel Joseph, 15, rue de Trévise.
Jahiel Maurice, 48, rue de Paradis.
Jahiel M., 15, rue de Trévise.
Jahiel Richard, 61, rue d'Hauteville.
Jamet, 29, rue des Jeûneurs; tél.: Louv., 50-39.
J. BERESSI, 2, rue de Mulhouse; téléph.: Gut., 77-30.
Tissus en tous genres, bonneterie fine.
JEAN ROSEN, 226, rue St-Martin; téléph.: Arch., 08-39.
Manufacture de vêtements imperméables.
Jeanne et Cie, 10, rue d'Uzès; tél.: Gut., 65-07.
Jenny frères et Cie, 93, quai de Valmy; tél.: Nord, 65-52.
Jerusalemsky A., 47, rue de Douai; tél.: Gut., 79-52.
Jerusalmi Léon, 9, rue Buffault; tél.: Trud., 13-56.
Jerusalmy L., 43, rue Chapon; tél.: Arch., 43-17.
Jessua Is. (Ap.), 31, bd Pereire; tél.: Wag., 33-07.
Jessua Joseph, 33, rue du Mail; tél.: Louv. 48-70.
Jessua Joseph (Ap.), 148, av. Wagram; tél.: Wag. 67-24.
Jessua Saby, 102, rue Réaumur; tél.: Cent., 17-18 et 48-96.
Jessua Léon, 102, rue Réaumur; tél.: Cent., 17-18; 48-96.
Jessua D. J., 5, boulevard Péreire.
Jessua David, 5, boulevard Péreire.
J. N. MALLAH, GATTEGNO & CIE, 4, rue de Trévise; téléph.: Berg., 51-73. — *Soieries et tissus, Représentation, Commis.*
Joanneton A., 58, rue des Petites-Ecuries; tél.: Cent., 98-45.
Joannidès (Dr), 2, Villa Ornano; tél.: Marc., 05-18; Arch., 33-35
Job (papier à cigarettes), 21, rue Béranger.
John Mac Greyer Grand, 126, rue de Provence.
Jonemann, 24, rue d'Enghien; tél.: Gut., 25-70; Cent., 46-65.
Jones J. H., 34, boul. de Sébastopol; tél.: Arch., 18-07.
JOSEPH LOTERMAN, 31, fg Montmartre; tél.: Berg., 42-52.
Tailleur pour hommes de première classe.
Jouet (Le) de Paris, 94, r. de Paris, Montreuil; tél.: Roq., 11-42
J. OUZIEL, 28, boulevard de Strasbourg; téléph.: Nord, 72-86.
Manufacture d'horlogerie soignée.
J. SIMON, 14, rue de Rivoli; téléph.: Arch., 06-27.
Grande fabrique d'horlogerie, à Maiceaux (Doubs).
Julien Gabriel, 25, rue Saulnier.
Jusseau Pierre & Cie, 2, rue de Marseille.
J. Vidal, 5, place Royale, Nantes; tél.: 16-57.
Jewish Col. Assoc. (*I.C.A.*), 2, rue Pasquier; tél.: Cent., 37-45.

K

MM

Kabili Jacques et L. Lévy, 69, r. d'Aboukir; tél.: Cent., 91-58.
Kaciaff, 17, bd du Temple; tél.: Arc., 25-53.
Kahn Robert, 29, rue des Pyramides.
Kahn et Kahn, 7, rue Drouot; tél.: Gut., 39-86, 40-01.
Kamer A., 70, rue d'Hauteville.
Kaufmann, 18, rue des Vertus; tél.: Arch., 32-53.
Kika A. (de), 66, faub. Poissonnière.
Kinsbourg Paul, 64, rue de Cléry.

KISMETT, 370, rue St-Honoré; tél.: Gut., 48-03
Soieries, hautes nouveautés.
Kofler Emile, Bloch et Cie, 12, r. d'Hauteville; Berg., 42-50.
Kohnstamm R. et Cie, 65, rue d'Hauteville ; tél.: Berg., 49-86.
Krainik frères, 9, fg. St-Denis; tél.: Berg., 36-76.
Kyriakopoulos, 40-bis, faub. Poissonnière; tel.; Gut. 64-16.
Kyriazidès F. et Beigneux. 29, rue Drouot; tél.: Berg.. 44-46.

L

MM

L'Abeille, 57, rue Taitbout; tél.: Gut., 16-55.
Labori, 14, rue Vivienne.
Laboratoire du Dr Gustin, 111, rue du Mont-Cenis.
Labrise (Dick et fils), 17, passage du Panorama
Lacombé, 9, boulev. des Filles du Calvaire; tél.: Arch., 20-22.
La Confiance, 2, rue Favart.
Lacoste & Delperier, 62, rue de Saintonge.
Ladame Ch. et fils, 16, rue Etienne-Marcel; tél.: Gut., 29-93.
Ladavière, Rousson, Vincent et Cie, 28, rue des Mouliniers, St-Etienne.
Ladavière, Rousson, Vincent et Cie, 88, rue St-Denis; tél.: Cent., 97-89.
Laflèche frères et Cie, 69, rue Réaumur.
LA FLOREMIA, 62, rue Saintonge; téléph.: Arch., 44-03.
Teintures pour cheveux en toutes nuances.
Laforest E., 28, rue N.-D. de Nazareth.
La linière de Gerardmer, Gerardmer (Vosges); tél.: 120.
Lamarque A. et J. D. Lorin, 72, r. d'Hauteville; tél.: Gut., 04-78
Lambert frères et Cie, 18, St-Fiacre; tél.: Gut.,04-78.
Lambrou, 12, rue Zacharie.
Lamy, 125, rue Montmartre.
La Nationale, 2, rue Pillet-Will; tél.: Berg., 50-92.
Langeroc Alfred et Cie, 110, bd de Sébastopol; tél.: Arc., 10-55.
Langstaff, 14, rue d'Enghien; tél: Gut., 61-07; Cent., 54-40.
Lanselle, 3, impasse de la Planchette; tél.: Arch., 10-51.
Lanthelme T., 35, rue des Jeûneurs; tél.: Cent., 68-17.
Lapèze, 18, rue Michelet, Ivry-sur-Seine.
La Prévoyance, 23, rue de Londres; tél.: Louvre, 20-37.
Laroche Paul, 8, rue du Perche.
La Séquanaise, 4, rue Jules-Lefebvre.
Latour (de), 34, boulev. Sadi-Carnot, Enghien.
Latombe fils et Certain, 52, rue Etienne-Marcel; tél.: Gut., 34-64
Laurens H. et Cie, 11, rue du Delta.

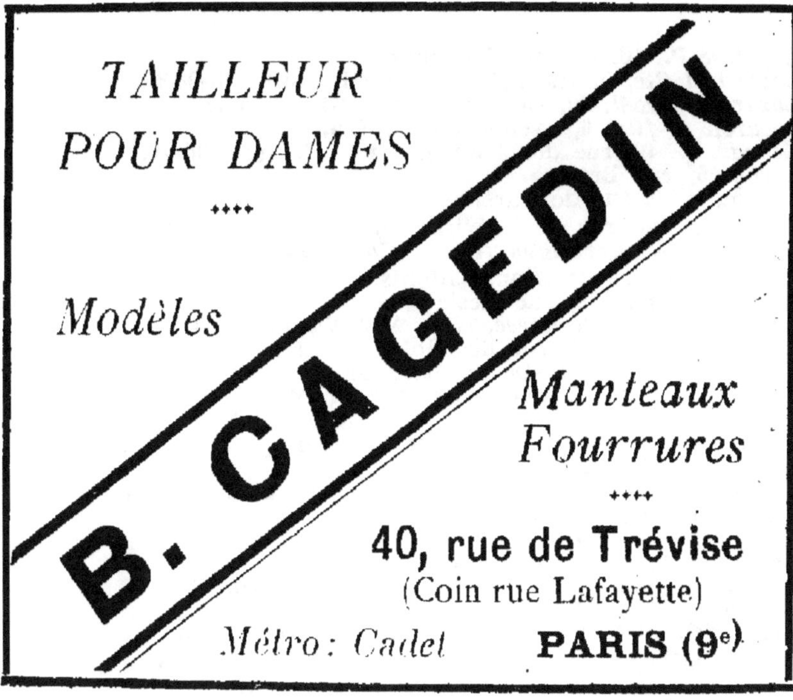

Téléphone : Bergère 43-16

Henri AMAR

Exportation - Importation
Commission

18, rue d'Hauteville, 18
PARIS (IXe)

Layrisse P., 16, rue des Jeûneurs.
Lazard et Cie, 5, rue Pillet-Will; tél.: Gut., 18-98.
Lazare et Israël, 29, rue Jean-Jacques-Rousseau;
Lecaron et fils, 6, avenue de l'Opéra.
Lebeau C., 40, rue des Jeûneurs; tel.: Louvre, 36-46.
Lecoq, 5, rue Brézin.
Lecombe, 80, rue de Turenne.
L. COVO, 28, rue de Trévise; téléph.: Berg., 39-12.
Export-Import tous tissus; Commission.
Lefevre, 18, rue des Bons-Enfants.
Lefranc Pierre, 28, rue Meslay.
Légation Royale de Grèce, 17, r. Aug. Vacquerie; tél.: Pas., 38-65
Legrand Hector, 21, rue des Gobelins; tél.: Gob. 26-47.
Legros P., 101, fg St-Denis: tél.: Cent., 68-21.
Lehideux et Cie, 3, rue Drouot; Berg., 43-92.
Lehmann (Léon) et E. L. Roy, 159, rue Amelot; tél.: Roq, 32-64
Lehmann, Picard et Cie, 9, rue Pierre-Dupont; tél.: N., 46-33.
Leléon L., 341, rue des Pyrénées.
Le laiton, 32, rue Félicien-David; tél.: Auteuil, 05-24.
Lemagnier, 24, rue Vieille du Temple.
Lemaire, 26, rue Oberkampf.
Lemonier, 6, rue de la Convention.
Lenoir, 27, rue du Château-d'Eau; tél.: Nord, 16-33.
Lentheric, 243, rue St-Honoré; tél.: Cent., 41-88.
Lenz (de), 19, rue du Rocher; tél.: Wagram, 77-91.
LEON ABASTADO, 18, rue d'Abbeville; téléph.: Cent., 83-67.
Agence Générale de jouraux et publications.
LEON ARDITTI & FILS, 66, rue de Provence; téléph.; Trud., 18-50 et 24-69. — *Affaires de Banque et de Commission.*
LEON ASSAEL, 87, rue Réaumur.
Haute couture, Import-Export.
LEON D. NAHUM. — Bruxelles. — 5, rue d'Assaut.
Produits Métallurgiques, Exportation.
Léon Jacques (de), 150, av. Victor-Hugo.
Léon J., 19, rue de l'Acqueduc
Léor Raoul et Cie, 236, fg St-Martin; tél.: Nord, 86-59.
Le Phénix, 33, rue Lafayette.
Lequeux Jules, 98, fg St-Martin.
Lériche, 18, rue N.-D. de Lorette.
Lerrey, 22, rue du Pont-Neuf; tél.: Gut., 77-17.
Lesquendieu, 5-bis, rue de la Tacherie; tél.: Arch., 18-52.
Letourneau G., 1, 3, 5, 6, rue de l'Industrie (Nantes).
Létrange, 57, boulev. de la Villette; tél.: Nord, 17-24.
Levallois et Cie, 24, rue du Sentier; tél.: Gut., 38-08.
Levaton Sam, 2-bis, passage Basfroi.
Levy A. (Dr), 85, rue Taitbout; tél.: Trud., 55-51.
Levy A., 42, rue Le Peletier; tél.: Trud., 28-19.
Levy Bezalel (Ap.), Garches, 174, Grande Rue; tél.: Garches 74.
Levy C., 194, rue Lafayette; tél.: Nord, 04-20.
Levy C., 6, rue Condorcet; tél.: Trud., 29-96.
Levy César, 9, fg Poissonnière; tél.: Cent., 56-97.
Levy Clément, 73, rue Lafayette.
Levy David, 50, rue de Chabrol; tél.: Nord, 88-13.
Lévy E. (Dr), 11, Square Moncey; tél.: Louvre, 17-75.
Lévy E., 21, rue des Martyrs; tél.: Trud., 11-71.
Levy et Assaël, 14, rue d'Hauteville; tél.: Berg., 39-96.
Levy et Fils, 56, rue du Commerce; tél.: Saxe, 08-46.

Téléph. : Nord 41-39 Télégr. : PARISBONAP

Société Parisienne de Bonneterie Fine

(Anciens Etablissements FLORENT LEDREUX)

BAS, CRAVATES, CACHE-COLS, JERSEYS

Spécialité de Bas de soie, végétale et naturelle

17, Rue de l'Entrepôt

PARIS (X^e)

Levy Elias, 34, rue de Bondy; tél.: Nord, 74-69.
Levy Elie, 22, rue d'Hauteville; tél.: Berg., 3[illegible]-01.
Levy F. (Dr), 62, rue de la Boëtie; tél.: Elys., 59-47.
Levy frères, 57, rue d'Hauteville; tel.: Berg., 39-96.
Levy frères, 6, rue d'Aboukir; tél.: Cent., [illegible]-53.
Levy Fribourg, 15, bd St-Martin; t[illegible]: Trud., 11-71.
Levy G. et Cie, 30, rue de Grammont; tél.: Cent. 53-20.
Levy G., 94, rue d'Aboukir; tél.: Gut., 68-67.
Levy G., 38, rue Pentièvre; tél.: Elys., 09-49.
Levy G. (Dr), 79, av. Jean-Jaurès; tél.: Nord, 77-04.
Levy G. et Salomon, [illegible], rue Cadet; tél.: Trud., 08-72.
Levy G., 87, rue d'Aboukir; tél.: Centr., 05-45.
Levy G. (Dr), 6, rue du Mont-Thabor; tél.: Louvre, 05-75
Levy H., 53, rue du Caire; tél.: Centr., 79-39.
Levy H., 35, rue Beaubourg; tél.: Arch., 23-49.
Levy Hermann, 32, rue d'Hauteville; tél.: Gut., 60-68.
Levy I., 35, rue de Cléry; tél.: Centr., 84-09.
Levy I. et fils, 33, rue des Petits-Carreaux; tél.: Louvre, 47-09.
Levy Ino B., 10, cité Trévise; tél.: Louvre, 41-08.
Levy Irmaos et Cie, 33, rue Bergère; tél.: Gut., 49-68.
Levy J., 22, rue Chauchat; tél.: Bergère, 42-41.
Levy J. (Dr), 75, rue d'Anjou; tél.: Louvre, 45-10.
Levy J., 21, rue Paradis; tél.: Bergère, 43-57.
Levy Jacob, 12, rue Cadet.
Levy L. (Dr), 12, rue Pernelle; tél.: Arch., 28-45.
Levy L., 104, rue Richelieu; tél.: Gut., 42-63.
Levy L., 52, rue de la Tour d'Auvergne; tél.: Trud., 15-00
Levy Léon D., 19, rue Jean-Jacques-Rousseau.
Levy Léon D. et Cie, 30, rue Le Peletier.
Levy Léon, 103, bd Voltaire; tél.: 72-60.
Levy L., 32, rue de Paradis; tél.: Gut., 27-35.
Levy Lucien, 42, fg Montmartre; tél.: Berg., 54-81.
Levy M., 14, rue Taitbout; tél.: Bergère, 42-47.
Levy Mardochée, 73, fg Poissonnière; tél.: 56-52.
Levy Mattéo, 11, rue de Maubeuge.
Levy Mayer, 46, rue Richer; tél.: Bergère, 40-10.
Levy Michel, 212, rue Lafayette; tél.: Nord, 80-00.
Levy N., 56, rue de Paradis; tél.: Louvre, 47-60.
Levy Nissim, 7, rue Camille-Desmoulin.
Levy Oulmann (avocat), 18, r. N. D. de Lorette; Trud., 12-67.

Levy Parrey, 72, rue d'Aboukir.
Levy S., 16, bd Sébastopol; tél.: Arch., 29-70.
Levy Sam, 17, fg Montmartre; tél.: Louvre, 45-09
Levy Sam Saadi, 1, rue Frédéric-Clément, Garches (S.-et-O.).
Levy Samuel (Dr), 36, av. de Clichy; tél.: Marc., 18-31.
L. HUISMAN & CIE, 43, boulevard de Strasbourg.
Grand Magasin français, à Constantinople.
Lisbonne frères, 61, rue d'Hauteville.
Lointier, 38, rue de Sévigné.
Lombroso Léon, 110, rue des Boulets.
Lombroso Mercado, 58, rue Sédaine.
London Cunty Banque, 22, place Vendôme; Cent., 92-22, 92-24.
Lopez Jules, 110, rue Réaumur.
Lorin J., 12, rue Bachaumont; tél.: Gut., 26-51.
Lotermann Joseph, 31, fg Montmartre; tél., Berg., 42-52.
Lotoch, 117, rue Vieille-du-Temple; tél.: Arch., 25-31.
Louaisil, 46, rue des Jeûneurs; tél.: Gut., 14-96.
Loulier, 54, fg Poissonnière; tél.: Cent., 15-19.
Louvel et Poteau, 44, rue d'Enghien.
Loyer, 42, rue de Dunkerque; tél.: Trud., 04-80.
Lubin, 11, rue Royale; tél.: Elys., 41-73.
Lucas, 1, rue d'Enghien.
Lucien Lobel, 47, r. de Bagneux (Montrouge); Saxe, 06-51.
LUCIEN LEVY, 42, fg Montmartre; téléph.: Berg., 54-81.
Achat et vente bijoux d'occasion.
Lumina, 4, rue d uVerbois.
Lycée Buffon, 16, bd Pasteur; tél.: Saxe, 17-90.
Lycée Carnot, 145, bd Malesherbes; tél.: Wag., 14-93.
Lycée Fénélon (J. f.), 2, rue de l'Eperon; tél.: Gob., 41-26.
Lycée Henri IV, 23, rue Clovis; tél.: Gob., 08-91.
Lycée Janson-de-Sailly, 106, rue de la Pompe; Passy, 86-63.
Lycée Lakanal, 3, rue Houdan, (Sceaux); tél.: Gob., 12-52.
Lycée Louis-Le-Grand, 123, rue St-Jacques; tél.: Gob., 09-03.
Lycée Victor Duruy, 33, bd des Invalides; tél.: Saxe, 58-16.
Lycée Voltaire, 101, av. de la République; tél.: Roq., 19-62.

MM

M

Macherat, 252, rue St-Martin.
Maffray, 94, boulevard de Sébastopol; tél.: Arch., 42-44.
Magasins Réunis, 60, rue de Turenne; tél., Arch., 51-51.
Magnus & Cie, 26, rue d'Hauteville; tél.: Gut., 31-20.
Magriso frères, 42, rue Gauthey.
Maire L., 18-20, rue de Thorigny.
MAISON B. D. BENJAMIN. — Lausanne. — 2, avenue du Tribunal Fédéral. — *Pelleteries et fourrures, peaux brutes.*
Maison de France, 1, rue des Italiens; tél.: Louvre, 44-52.
Maison Maurice & Cie, 208, boulevard Voltaire; tél.: N., 16-01.
MAISON MORISS, 10, rue Lafayette; téléph.: Berg., 47-12.
Bonneterie, parfumerie, Maroquinerie, etc
(Matarasso, Saragoussi, Rousso).
MAISON ROBERT, 65, 114, r. Rivoli; 19, r. Bertin-Poirée; 26, r. Bourdonnais et 21, r. Royale. tél.: Louvre, 18-63.
Gds. *Magasins de Nouveautés: Soieries, fourrures, confection.*
Maïssa Jos. Is. et David, 13, rue des Martyrs.
Maïssa, 14, rue des Jeûneurs.
Mallah Abram, 4, rue de Trévise; tél.: Berg., 51-73.

Mallah Alfred, 4, rue de Trévise; tél.: Berg., 51-73.
Mallah Aron, 49, rue Pigalle; tél.: Trud., 36-53.
Mallah J. N., 4, rue de Trévise; tél.: Bergère, 51-73.
Mallah Joseph, 1, rue Baudin.
Mallah Raphaël, 17, rue de Trevise.
Mallah Sam, 17, rue de Trévise; tél.: Berg., 46-43.
Mange Fréaeric, 41, boulevard Magenta; tél.: Nord, 60-15.
Mansour V. et freres, 21, rue Meslay; tél.: Arch., 26-95.
Manufacture Moderne, 40, rue Louis Blanc.
Manufacture d'armes, 32, rue du 11 Novembre, St-Etienne.
Manufacture de Caoutchouc, 105, bd Pereire; tél.: Wag., 02-08.
Manufacture d'instruments, 142-146, rue Carreterie, Avignon.
Manufacture de Wesserling, 6, rue d'Uzès; tél.: Gut., 37-63.
Manufacture française de bonneterie, 235, fg St-Martin; tél.: Nord, 86-00.
Manufacture française de caoutchouc, 52, rue de Bondy.
Manufacture française d'œillets métal., 64, bd de Strasbourg. tél.: Nord, 08-56.
Manufactures françaises réunies, 62, bd Magenta.
Manufacture Hartmann et fils, Munster (Haut-Rhin)..
Manufactures réunies de baudruches, 11, rue Larey.
Manufactures réunies de tresses et lacets, 52, r. Turbigo.
Manzon, 105, rue Lafayette.
Marco Philippe, 97, rue de Montreuil.
Marcus, Glasermann et Drucker, 11, rue de Montyon.
MARDOCHEE LEVY, 73, faubourg Poissonnière; téléph.: Cent., 56-52.—*Produits d'Asie-Mineure et de la mer Noire.*
Marguerite Carlesen, 31, rue du 4 Septembre.
Martin frères, 71, rue de la Verrerie; tél.: Arch., 27-57.
Martin Rondeau, 11, rue Boisnet, Angers; tél.: 1-97, 9-92.
Massa M., 4, av. des Ternes; tél.: Wag., 99-43.
Massori Aîné, 67, rue Réheval.
MATALON & CIE, 15, rue Rochechouart; téléph.: Trud., 63-04. *Branche Commission et Représentation.*
Matalon A., 11, rue Marcel-Renaud.
Matalon Abram, 11-bis, rue Faraday.
Matalon Albert, 24, rue Chauchat; tél.: Cent., 93-01.
Matalon Edgard, 17, rue Caumartin.
Matalon Elie, 42, rue de Paradis; tél.: Louvre, 53-70.
Matalon H., 3, rue Lantonnet. — *Menuisier.*
Matalon Elie, 15, rue Rochechouart.
Matalon Samuel, 24, rue Chauchat; tél.: Cent., 93-01.
Matalon Isaac, 4-bis, rue Sergent Hoff.
Matalon Raph., 2, rue de Châteaudun; tél.: Trud., 68-37.
Matalon Sam, 44, rue d'Amsterdam.
Matalon Victor, 21, rue d'Hauteville.
Matarasso frères, 13, rue de Montyon; tél.: Berg., 36-09.
Matarasso Sabetai, 13, rue Montyon; tél.: Berg., 36-09.
Matarasso S., 74-bis, bd de Versailles (Suresnes).
Mathieu (Rexoid), 4, rue des Marais; tél.: Nord, 48-95.
Mathiss, 19, rue Béranger; tél.: Arch., 15-12.
Mathon frères, 22, rue d'Anjou; tél.: Élys., 60-50.
Mathrat, 2, rue Vide-Gousset; tél.: Gut., 35-13.
MAURICE BEER, 34-36, bd. Edgar-Quinet; tél.: Saxe, 05-69; Fleurus, 06-73. — Entreprise générale de pompes funebr.

MAURICE GATTEGNO. — Bourges. — **22, rue Moyenne.** *Photographie artistique, travaux en tous genres.*

MAURICE MODIANO & CIE, 110, rue **Richelieu;** téléph.: Louvre, 51-63, 64. — *Importation-Export.; spéc. Coloniaux.*

Maurice Nicolas, 37, fg Poissonnière.

MAURICE SALMONA, 7, fg Montmartre; tél.: Berg., 36-12. *Commission-Exportation.*

MAURICE SCIALOM, 28, rue **de Maubeuge.** *Chirurgien-Dentiste. De 2 à 5, sauf mercredi.*

MAURY & GILBERT (anc. Albert Serfaty), 19, rue Richer; téléph.: Cent., 82-43; Berg., 46-59. *Transports Internationaux, Agence maritime.*

Mavrocordato Math.. (Ap.), 36, av. Georges V; Passy, 57-86.
Maxims, 34, rue du Château-d'Eau.
Mayer Levy, 46, rue Richer; tél.: Berg., 46-10.
Mayo Albert, 15, rue de Trévise.
Mayo Albert (de) Dr., 41, rue N. D. de Lorette; Trud., 62-26.
Mayo D., 23, rue Lavoisier.
Mayo Enrico (de) et frères. 46, rue des Petites-Ecuries; tél.: Gut., 15-45.
Mayo Isaac, 50, rue Labiat.
Mayo J. (de), 17, fg. Montmartre; tél.: Berg., 37-63.
Mayo M., (de), 17, fg Montmartre.
Mazliah Nissim, 79, rue Sédaine.
Mazloum Abram, 89, rue St-Charles.
Mazloum D., 12, rue Richer; tél.: Berg., 37-75.
Mazloum D., (architecte), Crépy-en-Lannois.
Mazloum Mazliah, 113, rue du Cherche-Midi.
Mazloum Salomon, 79, fg St-Denis; tél.: Cent., 90-24.

M. BENVENISTE & CIE, 56, fg Poissonnière; téléph.: Berg., 47-92. —*Spécialité de bas et chaussettes de soie, Export.*

M. DE BROUSSE, 34, bd. Malesherbes. *Transports Internationaux. Bulgarie.*

M. DE MAYO, 17, faubg. Montmartre; téléph.: Berg. 37-63. *Commission-Représentation, Exportation.*

Méchoulam Abram, 10, rue Beauregard.
Méchoulam Elie, 100, rue d'Amsterdam.
Méchoulam Isaac, 22-bis, rue Pierre-Leroux.
Méchoulam Nissim, 21, rue Pierre-Leroux.
Méchoulam P., 9, rue Buffault: tél.: Trud., 58-58.
Méchoulam, R., 35, rue de Sèvres; tél.: Roq., 07-84.
Méchoulam S., 45, rue Lafayette; tél.: Trud., 64-34.
Médini, 22, rue de Chabrol.
Melamed frères, 75, rue d'Aboukir; tél.: Gut. 78-99.
Melamed Robert, 14, rue Mazagran.
Melamet S., (Dr.), 87, bd St-Michel; tél.: Gob., 47-04.
Menahem Jos., 24, rue Richer; tél.: Berg., 40-91.
Menahem frères, 127, fg. Poissonnière; tél.: Trud., 18-08.
Menasche Armand. 22, rue Washington; tél.: Elys., 39-08.
Menasché frères, 46, rue de Paradis; tél.: Louvre, 53-92.
Menasché J., 33, fg. Poissonnière; tél.: Gut., 05-18.
Menasché Jacques, 24, rue de Lubeck.
Menasché L., 8, av. du Parc-Monceau; tél.: Elys., 40-62.
Menasché Marcel, 51, rue d'Hauteville.
Menasché Mordo, 74, rue de Sèvres; tél.: Saxe, 69-71.
Menasché Raphaël, 56, r. Maubeuge; tél.: Trud., 51-89,
Menasché Sam, 39, rue de Charonne,

Menassé Isaac, 26, rue Rochechouart.
Menassé J., 2, rue Bufault; tél.: Gut., 69-63.
Menassé M., 24, rue Lafayette; tél.: Berg., 49-01.
Menda Is., 23, rue d'Enghien.
Merand frères, 31, rue Ledru-Rollin; tél.: Roq., 18-01.
Merville et Morgan, 67, rue des Cités, Aubervilliers.
Messara Antoun, 52, rue de Chabrol.
Messeri, 8, rue Pigale.
Messulam D. N., 96, rue Lafayette.
Métadier P., (Dr), Tours. Calmine.
Meuriot René, 98, rue Lafayette; tél.: Berg., 48-71.
Meyer Benenfant, 62, bd de Strasbourg; tél.: Nord, 36-92.
Meyer Fernand, 257, rue St-Martin.
Meyohas et Marfeuil, 10, Cité Trévisé; tél.: Berg., 46-99.
Michaud, Quantin et Cie, 102, rue Amelot; tél.: Roq., 50-54.
Michel, 56, rue de Tournelle; tél.: Arch., 04-84.
Michel A. et L. freres, 53, rue d'Hauteville; tél.: Louvre, 09-34.
Michel Hirmas et Cie, 21, rue de Paradis; tél.: Cent., 41-19.
Miette, 20, rue des Grands-Augustins; tél.: Gob., 45-72.
Migault fils, 166, rue de la Roquette; tél.: Roq., 76-05.
Miré Abram, 97, rue du Chemin-Vert.
Miron Henri, 23, rue Clauzel; tél.: Trud., 07-91.
Misistrano, 10, rue N. D. de Lorette.
Misistrano Nissim, 27, rue St-Sauveur.
Misrachi Albert, 20, place Vendôme; tél.: Cent., 20-58.
Misrachi Armand, 56, rue Lafayette; tél.: Louv., 17-58.
Misrachi Ad., 51, av. Parmentier; tél.: Roq., 59-35.

MISRACHI COUSINS, 16, rue de Rivoli; téléph.: Arch. 38-46.
Appareillages électriques; lampes, fils, câbles.

Misrachi Joseph, 10, rue Condorcet.
Misrachi V. (Dr), 1, rue Edmond-About; tél., Aut., 25-62.
Misrachi Azaria, 22, rue Béranger.
Missak-Effendi, (Min. Plénip.), 26, av., Georges V; Passy, 74-29.
Mitrani B., 23, rue de Cléry.
Mitrani Albert, 85, bd Haussmann.
Mitrani Jules, 40, rue de Trévise; tél.: Berg., 46-11.

M. JOSSUA & Cie, 17, r. Caumartin; tél.: Cent. 70-20; Louvre 00-56 et 52-69; Inter., 592. — *Banquiers.*

M LENTZ, 11, rue Larrey, et 10, rue Quatrefages
Santol, toutes les spécialités hygiéniques.

M. MICHAEL JUNIOR & Cie.— Manchester, 14, Dickinson Street.
Commission-Représentation.

M. NAHMIAS, 164, r. Montmartre; tél.: Cent., 15-57; Gut., 28-98.
Maison de Banque et de Change.

Modal M., 32, rue Bergère.
Modiano Alfred, 18, rue du Lycée, Sceau.
Modiano Arthur, 28, rue St-Georges.
Modiano et Ouziel, 68, fg Poissonnière.
Modiano Elie V., 110, r. de Richelieu; tél.: Louv., 51-63.
Modiano et Arditti, 68, r. d'Hauteville; tél.: Berg., 48-94.
Modiano Hector, 7, rue Claude Chahu.
Modiano Isaac, 10, r. Gustave-Doré; tél.: Wag., 78-95.
Modiano L., 41, bd Haussmann; tél.: Cent., 09-08.
Modiano Léon (Dr), 91, r. des Petits-Champs; tél.: Cent., 86-39.
Modiano Maurice, 110, r. de Richelieu; tél.: Louvre, 51-63.
Modiano Michel, 150, rue du Théâtre.
Modiano M., 25, rue Royale.
Modiano M. (Ap.), 35, rue de Lubek; tél.: Passy, 26-72.
Modiano S. (Ap.), 24, rue Octave-Feuillet; tél.: Passy, 84-71.
Modiano S. E., 9, rue de l'Isly; tél.: Cent.: 14-86.
Modiano Vidal (Dr), 15, rue de Maubeuge; tél.: Trud., 22-57.
Moïse J., 18, rue Feydeau; tél.: Cent., 55-44.
Molenkamp, 6, rue Choron; tél.: Trud., 57-36.
Molho et Ezraty, 51, rue d'Aboukir; tél.: Gut., 22-02.
Molho Jacques, 133, bd Exelmans.
Molho Isaac, 26, rue Baudin.
Molho D., 25, rue St-Vincent-de-Paul.
Molho Marc, 30, rue Laborde.
Molon L., Graville-Havre (Seine-Inférieure).
Monin A. L. et A. Colomb, 44, rue Richer; tél.: Louvre, 33-13.
Montias Albert, 23, rue Chauchat; tél.: Louvre, 53-52.
Montias Elie, 23, rue Chauchat; tél.: Louvre, 53-52.
Montéquio Mario, 13, rue Auber.
S. Moock, 13, rue de Bellefond.
Mordo Lazare, 104, bd Voltaire.
Mordo Lévy, 33, rue des Petits-Carreaux.
Mordoh et Taragano, 41, rue des Petits-Carreaux.
Mordoh Salomon, 11, fg St-Denis.
Morel et Cie, 15, rue de l'Echiquier; tél.: Cent., 66-47.
Morhange, 149, rue Montmartre; tél.: Gut., 14-75.
Morhange (Dr), 35, bd de Strasbourg; tél.: Nord, 83-83.
Morin Emile, 158-ter, rue du Temple; tél.: Arch., 05-59.
Moris, 113, bd. de Sébastopol; tél.: Cent., 21-60.
Morisson, 47, rue de la Victoire; tél.: Trud., 00-75.
Morums Export.-Ltd, 15, rue Tronchet; tél.: Louv., 36-06.
Mory et Cie, 3, rue St-Vincent-de-Paul; tél.: Nord, 05-87.
Mosseri Hugo, 91, r. des Petits-Champs; tél.: Louvre 36-33.
Mosseri J. (Ap.), 11, rue Théodule-Ribot; tél.: Wagram 86-91.
Mosseri Edouard, 35, rue d'Aboukir.
Mouchabac Aron, 12, avenue Parmentier.
Mouren et Lahondes, 14, rue de l'Echiquier.
Mourey, 102, boulev. de Sébastopol.
Moussa M., 7, rue de Provence.
Moussa Lévy, 106, av. Kléber; tél.: Passy, 90-50.
Moussa Nissim et Cie, 11, rue de Provence; tél.: Berg. 40-31.
Moussafir, 55, rue des Petites-Ecuries.
M. OVADIA, 102, rue Lafayette; téléph.: Nord, 36-02.
Horlogerie, bijouterie, toutes réparations.
M. ROBERT FILS. — Lyon. — 3-5, r. Puits-Gaillot; tél : 61-73.
M. S. BENVENISTE, 38, rue de Cléry; téléph.: Cent., 03-84.
Commission-Représentation, Bonneterie.
Mulard A. et Cie, rue Cartier-Bresson, Pantin; tél.: Nord, 48-16,

N

MM.

Naar Albert, 35, rue Bergère; tél.: Berg., 53-03.
Naar Arthur (Géomètre), La-Fère (Aisne).
Naar Matéo, 7, rue Boursault.
Nabon Fernand, 12, rue de Rennequin.
Naar Simon, 23, rue Gamme.
Nahman Is., 36, rue de Trévise; tél.: Berg., 54-01.
NAMIAS « *Au Bas de Soie* », 126, rue Réaumur et rue Montmartre; tél.: Louvre, 28-69.
Grand choix de bas en tous genres.
Nahmias Albert, 53, av. Montaigne; tél.: Passy, 58-68.
Nahmias Alfred, 6, rue d'Anvers.
Nahmias, Fernandez, 72, av. des Ternes; tél.: Wag. 77-78.
Nahmias D. S. et frères, 13, rue des Jeûneurs.
Nahmias L., 186, bd Malesherbes; tél.: Wag., 64-03.
Nahmias Léon, 35, rue Laugier.
Nahmias M., 35, bd des Capucines; tél.: Gut., 70-01.
Nahmias Maurice, 13, rue des Jeûneurs.
Nahmias M., 1, imp. St-Claude; tél.: Arch., 37-14.
Nahmias M., 164, r. Montmartre; tél.: Gut., 28-98.
Nahmias S., 126, rue Réaumur; tél.: Louvre, 28-69.
Nahoum Alfred, 11, rue Fromentin; tél.: Trud., 57-73.
Nahoum David, 46, rue de Trevise.
Nahoum Gaston, 26, rue Montholon.
Nahoum frères, 5, rue Clauzel; tél.: Trud., 26-32.
Nahoum Haïm (S. E.), 6, rue Bassano.
Nahoum Maurice, 5, bd du Temple.
Nahoum Saül, 110, rue Richelieu; tél.: Louvre, 51-63.
Nahoum S. et Botton, 10, rue Saulnier; tél.: Louv., 52-62.
Nahoum Vitalis, 31, av. Mac-Mahon.
N. ASCHER, 17, rue Richer; tél.: Bergère, 45-64.
Exportation-Importation-Commission.
Navarro P., 54, rue des Martyrs; tél.: Trud., 10-32.
Navon M., 59, rue d'Auteuil.
Nehama S. A., 8, fg Montmartre; tél.: Berg., 37-24.
Nehama Dario, 70, rue Lafayette.
Nehama Joseph, 97, avenue de Villiers.
Nehama Lazare, 8, fg Montmartre.
Néret J., 52, bd St-Jacques; tél.: Cent., 16-65.
Nichli Isaac, 113, rue de Montreuil.
Nicolas, 145, rue St-Maur; tél.: Roq., 62-76.
Nicolopoulo Féo, 6, rue Sergent-Hoff; tél.: Wag., 95-00.
Niégo, 175, rue St-Martin.
Niégo Albert, 11, rue du Helder.
Niégo frères, 89, rue de Toqueville; tél.: Wag., 73-17.
Niégo J., 73, fg Poissonnière; tél.: Cent., 56-52.
Niégo J., 5, rue de Provence; tél.: Berg., 53-67.
Niégo Jacques et *Albert*, 10, cité Trévise.
Niégo Sam, 9, rue Cadet.
Nissim M. B., 46, rue God-Cavaignac.
Nissim Albert, 27, rue Poissonnière.
Nissim H., 29, rue Poissonnière; tél.: Louvre, 41-69.

Nissim Henri, 25, rue Poissonnière.
Nissim J., (Dr), 27, rue Chaptal; tél.: Trud., 38-16.
Nissim Joseph, 10, av. Parmentier.

NISSIM SALTIEL, 26, boulevard Garibaldi.
Prothèse dentaire, travaux soignés.

Nodé, Langlois, 24, rue Joubert; tél.: Gut., 59-05, Cent., 35-39.
North British Rubber C° (S. A.), 36, rue Guersant; Wag., 34-06.
Nowtna, 52, rue des Vinaigriers; tél.: Nord, 78-33.

NYSS, 42, fg Montmartre.
Bonneterie fine et de luxe.

O

MM.

Oeconomos S., 54, rue de la Victoire; tél.: Trud., 60-56.
Ojalvo Haim, 48, rue Basfroi.
Ojalvo, Vaïo, Behar, 81, rue Sédaine; tél.: Roq., 25-91.
Ojalvo R., 11, rue Cadet.
Olivier Ch., 7, rue Lekain.
Omnium Français, 106, bd Haussmann; tél.: Gut., 22-53.
Omnium Transport Cie, 9, rue Boissy-d'Anglas; Elys., 63-31.
Omnium franco-oriental, 114, quai Jemmapes.
Optique Commerciale, 7, rue de Malte; tel.: Roq., 33-43.
Oriental Carpet Manuf. Ltd., 11, rue de la Douane; Nord, 13-63.
Orsay. Châteaux des Bouvets. Puteaux; tél.: Wag., 97-56.
Ovadia Moïse, 102, rue Lafayette; tél.: Nord, 36-02.
Oved Albert, 103, bd. Voltaire.
Ouziel, 65, fg St-Denis.

P

MM.

P. ABASTADO, 110, rue Vieille-du-Temple; tél.: Arch., 48-76.
Matières premières pour la chapellerie.

Pages Etablis. E., 6, rue de Vaucouleur; tél.: Roq., 75-59.
Palacci Haym et Cie, 19, rue Richer; tél.: Berg., 42-75.
Palacci M. et fils, 10, rue Halevy.
Palaci Nissim, 157, bd Voltaire.
Paladino Albert, 52, rue des Petits-Ecuries; tél.: Louv., 33-26.
Paladino Sam, 13, rue Richer.
Pan, 3, square Maubeuge; tél.: Trud., 10-95.
Papadapoulos, 37, rue J.-J. Rousseau; tél.: Gut., 62-55.
Papeterie de Levallois-Clichy, 30, rue Beaurepaire; Nord, 51-37.
Papeterie de Monpont, 34, rue de Châteaudun; tél.: Cent., 31-29.
Papeterie Scoubart et Moreau, 19, rue Eugène-Varlin; N., 58-47.
Pardo M., 64, rue de La Boëtie; tél.: Elys., 19-66.
Pardo J. et fils, 18, rue Cadet; tél.: Cent., 74-87.
Pardo et Cie, 67, rue de la Victoire; tél.: Trud., 22-02.
Pardo Cédio, 2, rue de Bellegarde.
Pardo Salomon, 5, rue Blaunay.
Parfumerie Lutetia, 80, rue Armand-Carel (Montreuil), R., 35-14
Parfumerie L. Piver, 10 bd de Strasbourg; tél.: Nord, 43-30.
Paris Everywhere, 53, rue Rochechouart.
Passega frères, 14, rue Taitbout; tél.: Berg., 42--47.
Pasquis, 44, rue du Louvre; tél.: Cent., 45-35.
Passy, 74, rue Sédaine.
Passy, Simanto, 74, rue Sédaine.
Paturel, 123, rue d'Avron; tél.: Roq., 10-99.
Pavlev S. X., 33, rue d'Hauteville; tél.: Cent., 56-67.

Paule Renée, 8, rue Alexandre-Dumas
Pélletier Jules, 224, fg St-Antoine.
Pelosof Albert, 13, rue Auber.
Pélosof et Alcalay, 117, rue d'Aboukir; tél.: Cent., 09-02.
Pélosof Jacques, 42, fg Montmartre.
Pélosof Joseph, 11, rue Sorbier.
Pélosof Salomon (Dr), 38, rue de Bellefond.
Penso Victor, 39, rue de Paradis; tél.: Gut. 57-72.
Pérahia, 18, r. St-Lazare.
Pérahia Albert, 3, rue de Paradis.
Pérahia Gabriel, 41, rue des Martyrs.
Pérahia M., 16, rue de Bellefond.
Pérahia Moïse, 13, rue Auber.
Pérahia Salomon, 41, rue des Martyrs.
Percy et Sarrazin, 4, rue Tronchet; tél.: [illegible], 38-30.
Pereyrol I., Galliot, 7, rue Cadet.
Pérez, 10, rue des Petits-Hôtels; tél.: Nord, 43-14.
Pérez A., 19, rue des Petites-Ecuries.
Pérez Medina, 87, rue St-Honoré; tél.: Cent., 07-48.
Pérez Menahem et fils, 142, rue Lafayette.
Pérez V., 55, rue de Dunkerque; tél.: Trud. 21-43.
Periandros, 49, rue d'Hauteville; tél.: Gut., 23-79, Cent., 79-64.
Perkin, Van Bergen et Cie, 12, rue Ambroise-Thomas; C., 33-27.
Peroud et Cie, 14, rue Bréguet.
Pessah Jacob, 37, rue de Bellefond.
Pessah J. et fils, 49, rue d'Enghien; tél.: Louv., 42-46.
Pessah Dario, 37, rue de Bellefond.
Pessah Elie, 59, fg Poissonnière; tél.: Berg., 36-84, 37-09.
Pessah Ascher, 17, fg Montmartre; tél.: Berg., 37-63.
Pessah Mario, 59, fg Poissonnière; tél.: Berg., 36-84.
Pessah E., 41, rue des Martyrs.
Pessoa N. (de), 35, bd. Bonne-Nouvelle.
Petit Collin, 20, bd St-Denis; tél.: Berg., 43-19.
Petit E., 13, rue d'Hauteville; tél.: Louv., 24-06.
Petrovitch. Express Co, 44, bd de Bercy; tél.: Roq., 01-99.
Peulvey et Cie, 3, rue Richer.
P. Franchi et A. Colalucci, 14, rue Bauchamont; Cent., 66-10.
P. Fromont. Villefranche-en-Beaujolais (Rhône).
Picard Letessier. rue Vivienne; tél.: Cent., 38-16.
Picard Letessier et Cie, 4, rue N. D. des Victoires; Cent., 38-16.
Picard et Cie, 30, rue Fontaine-au-Roi.

PIERRE HASSID, 28, rue d'Enghien; téléph.: Berg., 45-67.
Importation, Exportation, Commission.

Pinaud, 18, place Vendôme.
Pinay Jeune et Leduc, 2, fg Poissonnière; tél.: Gut., 55-75.
Pinhas D., 42, rue des Martyrs.
Pinhas, 17, rue Grange-Batelière; tél.: Berg., 41-83.
Pinhas Moreno, 7, rue des Petites-Ecuries.
Pinhas B., 42, rue Sédaine.

Bonneterie
de Luxe
BOTTON'S
Téléph. :
Gut. 69-46
9, rue Auber
PARIS

Pinhas J. A., 17, rue Grange-Batelière.
Pinhas et Guini, 41, fg Montmartre; tél.: Berg., 52-82.
Pinto frères, 35, r. Bergère; tél.: Louv., 53-83.
Pinso Haïm, 39, rue de Paradis.
Pinto G. et Issaverdens, 8, rue de Paradis; tél.: Berg., 36-20.
Piperno Joseph, 49, rue des Bourguignons. Bois-Colombes.
Piperno Elie, 4, rue Drouot; tél.: Berg., 46-50.
Piret et Cie, 140, rue de Rivoli.
Pirola, 132, fg St-Denis; tél.: Nord, 29-06.
Pirim Jean, 15, rue du Louvre.
Pittet Vve G., 226, rue St-Denis; tél.: Gut., 45-75.
Pivet, 10, bd de Strasbourg; tél.: Nord, 43-30.
Polack, 11, rue d'Enghien; tél.: Berg., 43-02.
Polack (Dr), 7, av. de Villiers; tél.: Wag., 73-30.
Polacco Is., 125, rue du Ranelagh; tél.: Aut., 13-97.
Polikar Nis., 89, rue du Chemin-Vert.
Pons A. et Cie, Toulouse.
Portenoï M., 6, rue du Mail; tél.: Cent., 52-56.
Posera, 17, rue Caumartin.
Potin et Cie, 91, bd de Sébastopol; tél.: Gut., 05-81.
Pouget Louis, 161, rue Montmartre; tél.: Louvre, 29-53.
Poulent frères, 92, rue Vieille-du-Temple; tél.: Arch., 01-38.
Poulet, 6, fg Poissonnière; tél.: Gut., 06-03.
Pouzait et Joube, 20, Cour des Petites-Ecuries; Cent., 12-88.
Prives, 34, rue de Turenne; tél.: Arch., 36-54.
Prost, 22, rue Rambuteau.
Puchaux, 12, rue Pierre-Levée; tél.: Roq., 41-49.

Q

MM.

Quenderff, 12, rue Paul Lelong; tél.: Louv., 26-78.
Quentin Eugène, 51, rue Etienne Marcel; tél.: Louv., 17-50.
Quentin Paul, 24, bd des Batignolles.
Quérido Albert, 23, rue Clauzel.
Quillet Aristide, 278, bd St-Germain; tél.: Saxe, 49-57.
Quilleret Ernest, 10, rue de Chantilly; tél.: Trud., 63-78.

R

MM.

Radiah, 10, rue N. D. de Nazareth; tél.: Arch., 05-10.
Raguet fils et Vigné, 17, rue d'Hauteville; tél.: Gut., 57-45.
Rahaïm Joseph A., 42, rue de l'Echiquier.
Raoul et Monteaux, 47-49, rue Bolivar.
Raph. Tuck et fils, 6, rue Martel.
Raphaël, 66, rue de Cléry.
Raphaël Sam, 41, rue des Martyrs.
Raschi J., 118, av. de Clichy.
Rassi Robert, 66, rue Sédaine.
Raynaud Baylet, Brantome (Dordogne).
Réby et Adelson, 113, rue d'Aboukir; tél.: Louv., 49-16.
Récanati Elie, 65, rue Condorcet.
Regley fils et Cie, 12, faubourg Poissonnière.
Reichlé, 27, rue du Château-d'Eau; tél.: Nord, 43-52.
Reiss, 49, rue Richer; tel.: Berg., 49-75.
Renard, 10, rue du Château-d'Eau; tél.: Nord., 80-77.
Renaud H., 6, rue de Provence; tél.: Berg., 42-07.

Renault Henri, 46, rue Richer; tél.: Berg., 47-76.
Renéco, 30, bd de Sébastopol; tél.: Arch., 53-62.
Renner Louis et Cie, 12, rue Martel; tél.: Cent., 21-51.
Réquillart G. et fils, 104, rue Réaumur; tél.: Gut., 25-62.
Révillon frères, 79-81, rue de Rivoli; tél.: Gut., 02-99 et 06-34.
Reyès, 12, rue du Caire; tél.: Cent., 95-27.
Reynaud et Cie, 6-bis, rue Auber; tél.: Gut., 65-73.
Rhallys, 19, rue St-Marc.
Richard J. frères, 25, rue Mélingue; tél.: Nord, 19-63.
Richard J., 5, rue Lagrange, tél.: Gob., 49-96.
Rie, 5, rue du Louvre; tél.: Gut., 07-95.
Rigaud, 8, rue Vivienne; tél.: Louvre, 14-29.
Rippon, Wight, 12, rue Richer; tél.: Berg., 37-42.
Robert Barbaroux et Cie, 15, rue Richer; tél.: Gut., 17-22.
Robinson et Cie, 16, rue Rambuteau; tél.: Arch., 25-19.
Roboly René J., 64, rue d'Hauteville; tél.: Cent., 80-82.
Roch Louis, 16, rue Eugène-Varlin; tél.: Nord, 73-45.
Rochelin A., 2, rue Julien-Lacroix.
Roditi D. N., 33, rue d'Hauteville.
Roditi G., 13, rue Auber; tél.: Louv., 28-83.
Roditi D. et Sons, 1, rue Ambroise-Thomas; tél.: Cent., 68-80.
Roditi H., 39, rue Richer.
Rodrigues Jacques, 24, rue Chauchat.
Rodrigues Marco, 24, rue Chauchat.
Rodrigues Maurice, 24, rue Chauchat.
Roger et Gallet, 38, rue d'Hauteville; tél.: Gut., 12-35.
Rohmer Danic, 67, rue N. D. de Nazareth; tél.: Arch., 42-26.
Romano Benoit, 85, rue Lafayette; tél.: Trud., 31-51.
Romano (Ap.), 2, rue Pastourelle.
Romano M., (Ap.), 208, fg St-Denis.
Roquet, 7, rue Montholon; tél.: Berg., 42-17.
Rosa Mia, 18, rue des Messageries; tél.: Berg., 43-18.
Rosenberg Léon, 34, rue Vivienne.
Rosen, 228, rue St-Martin; tél.: Arch., 08-39.
Rosenthal Léonard frères, 18, rue Lafayette; tél.: Berg., 37-93.
Rosine, 107, fg St-Honoré; tél.: Elys., 15-80.
Roszé, 28, bd de Sébastopol; tél.: Arch., 09-65.
Roth Brothers, 49, rue de Provence; tél.: Cent., 72-28.
Roufflet M., 7-bis, rue de Paradis.
Rousseau, 16, rue Bertin-Poirré.

Roussillon frères, 64, rue d'Angoulême; tél.: Roq., 38-71.
Rousso Nissim, 4, rue Rameau.
Rousso Nissim (Ap.), 1, rond-point Bugeaud.
Rousso Léon, 4, rue Rameau.
Rouveyrol, Saint-Etienne; tél.: 9-08.
Rouzière A., 102, fg Poissonnière; tél.: Trud., 07-63.
Rozanès, 7, rue de Châteaudun.
Rozanès N. M., 2, rue de la Paix; tél.: Gut., 38.83.
Rozanès N., 18, rue N. D. de Lorette.
Rozanès W., 55, bd Richard-Lenoir.
Rozanès H., 44, rue de la Tour-d'Auvergne.
Ruarre et Cie, 49, rue Blanche.

MM. **S**

Saatdjian, 9, rue Choron; tél.: Trud., 65-04.
Sabah Isaac, 148, rue Basfroi.
Soc. An. Française « Ronéo », 30, bd de Sébastopol.
Soc. An. Fran. de Transp. Internat., 18, r. de la T.-des-Dames.
SABY JESSUA (JESSUA FRERES), 102, rue Réaumur; téléph.: Cent., 48-96 et 17-18.
Tissus et soieries en gros, Commission-Exportation.

S. A. des Magasins Réunis, 60, rue de Turenne; Arch., 01-53.
Saget, 15, rue Ambroise-Thomas; tél.: Louv., 15-46.
Saïas, 11, rue Ste-Cécile, Elbeuf (Seine-Inférieure).
Saleh I. Marcos, 4, rue Saintonge; tél.: Arch., 23-92.
Salem Acher, 47, rue Lepic.
Salem Ascher (avocat), 7, fg Montmartre; tél.: Berg., 36-12.

SALEM BROS, 40, Dickinson Street, Manchester.
Manufacturers et Calico Printers.
Adresse télég.: Costarrican Consulate, Manchester.

Salem Emanuel, 43, rue d'Artois.
Salem E. R., (Mme), 67, r. Miromesnil; tél.: Wag., 70-25.

SALEM FRERES ET CASTORIANO, 38, rue de Cléry; téléph.: Louvre, 41-34. — *Tissus en tous genres, Import-Export.*

Salem Joseph, 124, rue Lamarck.
Salem Léon, 55, r. des Petites-Ecuries; tél.: Berg., 44-85.
Salem Maurice, 25, rue de la Pépinière; tél.: Gut., 22-52.
Salem Raphaël E., 67, r. Miromesnil; tél.: Wag., 70-25.
Salem S., 51, rue Lafayette; Trud., 63-64.
Sallah N., 7, rue Lacharrière.
Salle H. et Cie, 4, rue Elzévir; tél.: Arch., 05-20.
Sallin, 4, rue de la Michaudière; tél.: Gut., 78-27.
Salmona et fils, 16, rue de Châteaudun.
Salmona frères et fils, 5, rue de Châteaudun; tél.: Cent., 86-39.
Salmona J., 91, rue des Petits-Champs; tél.: Cent., 86-39.
Salmona Joseph, 9, rue Buffault.
Salmona M., 1, rue de Cléry; tél.: Louv., 49-27.
Salmona Maurice, 7, fg Montmartre; tél.: Berg., 36-12.
Salmona Maurice H., 62, fg Poissonnière.
Salmona N., 30, rue Lafayette.
Salmona Vitali, 83-bis, rue Lafayette.
Saltiel A., 17, rue Bleue.
Saltiel Abr. S., 40, rue de Trévise; tél.: Berg., 41-22.
Saltiel Abr. S., (Ap.), 28, bd Bonne-Nouvelle; tél.: Berg., 49-41.
Saltiel Barouh, 31, rue de Maubeuge.

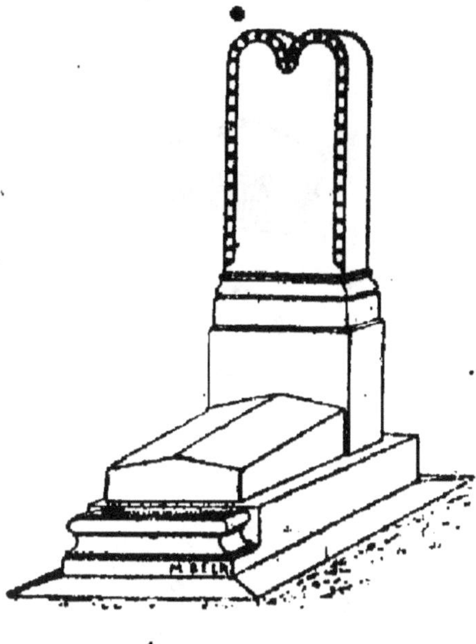

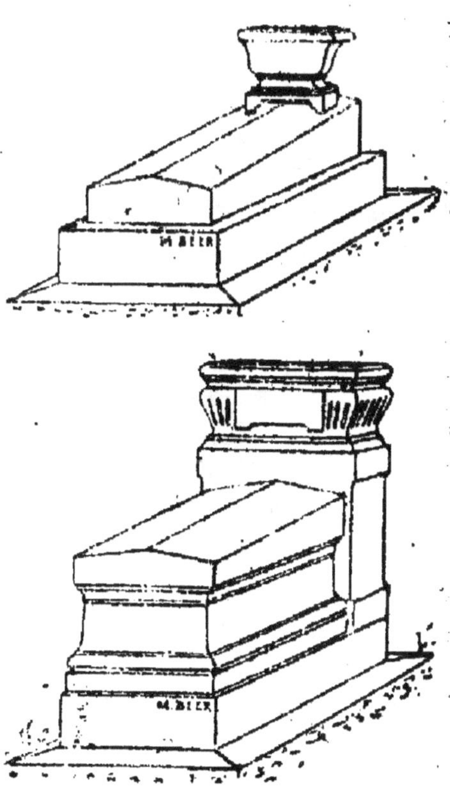

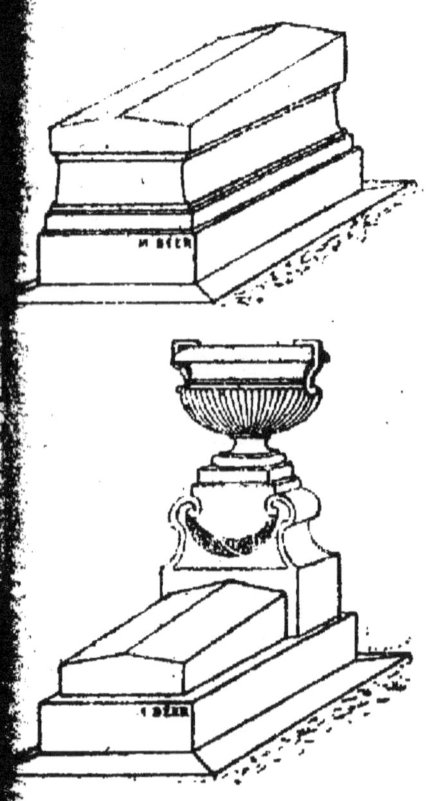

Comptoir France-Levant

E. INJEY - directeur

62, rue de Saintonge - PARIS

Exportation de quincaillerie, tissus, bonneterie, parfumerie, habillements, articles de Paris, etc.

Vêtements usagés - Reformé de l'Armée - Spécialités pour l'exportation

Demandez prix et conditions

Agences et Succursales dans tous les pays

LA FLOREMIA

Flacons échantillons pour retouches franco 2 f 50

Teintures en toutes nuances instantanées et progressives exemptes de plomb, d'argent, de cuivre. Reconnues inoffensives par le plus éminents dermatologistes

Ses teintures, ses fards, ses crèmes, ses poudres, ses pâtes conservent à la chevelure et au teint un merveilleux éclat

Donant à la peau une beauté idéale

Flacons échantillons pour retouches franco 2 f 50

Salons d'application, Coiffures Postiches d'Art

Vente au détail : 332, rue Saint-Honoré — PARIS

Pour le Gros et l'Exportation : Comptoir France-Levant

E. INJEY directeur — 62, rue de Saintonge, PARIS

Saltiel Gaston, 2, rue de la Bienfaisance; tél.: Wag., 13-98.
Saltiel H. (Ap.), 31, rue de Maubeuge.
Saltiel Joseph, 43, rue du Caire; tél.: Louvre, 08-47.
Saltiel Henri, 26, bd Garibaldi.
Saltiel J., 2, bd des Capucines.
Salcedo A., (ing.), 57-bis, rue de Varenne; tél.: Fleurus, 18-87.
Salcedo M. (avocat), 51, av. de la Motte-Picquet; Saxe, 63-51.
Salcedo Roger, 27, av. Henri-Martin; tél.: Passy, 93-11.
Sam Hané et Toussié, 11, rue Poissonnière; tél.: Cent., 06-80.
SAM J. YOEL et CIE, 7, rue Saulnier; tél.: Cent., 24-50.
Produits chimiques et pharmaceutiques, Imp.-Exp.
Samuel M. L. B., 4, passage Maurice.
Samuel et Bonzonne, 113, rue d'Aboukir; tél.: Louv., 21-30.
Samuel A., 9, rue de Châteaudun; tél.: Trud., 35-51.
Samuel A., 28, fg Poissonnière; tél.: Cent., 22-16.
Samuel F., 62, rue de Provence; tél., Trud., 25-56.
Samuel P., 28, rue Bergère; tél: Cent., 50-08.
S. A. NEHAMS, 8, fg Montmartre; téléph: Berg., 37-24.
Exportation.
Sanders Bros et Co, 69, rue Lafayette; tél.: Trud., 60.96.
Sando Josipovici (Dr), 6, rue Faustin Hélie.
Santamaria et Cie, 58, rue de Paradis.
Saphir frères, 19, rue des Filles-de-Calvaire; tél.: Arch., 43-95.
Saporta Albert (ing.), 32, rue des Ecoles.
Saporta Albert, 20, place Vendôme; tél.: Cent., 20-58.
Saporta Dario, 72, fg Poissonnière.
Saporta Elie, 100, rue Montmartre.
Saporta Henri, 37, rue Cardinet.
Saporta Isaac, 100, rue Montmartre.
Saporta Jacques, 35, rue Bergère; tél.: Berg., 37-08.
Saporta Jo., 42, fg Montmartre.
Saporta Nico, 37, rue Cardinet.
Saporta Senor, 100, rue Montmartre; tél.: Cent., 20-45.
Sapriel, 12, rue Danton; tél.: Wag., 90-05.
Sarfati Moïse, 46, rue God.-Cavaignac.
Sarrano Abram, 6, rue du Nil.
Sarrano Dario, 6, rue du Nil; tél.: Louv., 19 97.
Sarrejanis Jean, 26, rue Pasquier; tél.; Louvre, 13-08.
Sasson Albert, 28, bd de Strasbourg; tél.: Nord, 72-86.
Sasson S., 11, rue Martel; tél.: Berg., 43-58.
Sasson S., (menuisier), 233, rue Lafayette.
Sasson Sam, 111, bd Voltaire.
Sasson (Dr), 9, rue de Passy.
Saül Ovadia, 5, Cité Trévise.
Saunier et Chaveton, 37, rue d'Aboukir; tél.: Gut., 26-47.
Sauter, 127, rue de Turenne.
Savon frères, 11, rue Roquipine.
Savonnerie de St-Ouen, M. Marky, 39, rue Lieutadès.
S. BERESSI, 67-69, rue d'Aboukir; téléph.: Cent., 01-58.
Tissus en gros.
Scheitlen fils et Cie, 56, rue de Paradis; tél.: Cent., 10-06.
Scheron Sissing, 8, rue des Nonnains-d'Hyères.
Schilovitz, 140, rue St-Maur; tel.: Roq., 43-68.
Schoucair et Abdoe, 46, rue de Paradis; tél.: Gut., 10-80.
Schulmann, 8, rue du Sentier; tél.: Gut., 10-87.

Sciaky Albert (Dr.), 30, rue Desremonde; tél.: Wag., 30-17.
Sciaky Alfred, 29, rue de Trévise; tél.: Berg., 47-75.
Sciaky Edgard, 29, rue de Trévise; tél.: Berg., 47-75.
Sciaky M., 61, rue Réaumur.
Sciaky Max, 29, rue de Trévise; tél.: Berg., 47-75.
Sciaky Richard, 108, bd Haussmann; tél.: Louvre, 36-18.
Sciaky Salvator, 103, rue de la Boëtie.
Sciaky Victor, 54, rue Etienne-Marcel; tél.: Cent., 29-04.
Scialom Albert, 41, rue N. D. de Lorette.
Scialom Elie, 7, rue Saulnier.
Scialom H., 8, rue Hippolyte-Lebas.
Scialom Joseph, 29, rue de Maubeuge.
Scialom Léon, 13, rue de Liège.
Scialom Maurice, 28, rue de Maubeuge; tél.:
Scialom Moïse, 17, rue de Maubeuge.
Scialom Simanto, 6, rue du Rocher.
Scialom Vitalis, 56, rue Lafayette.
Scoubart P., 19, rue Eugène-Varlin; tél.: Nord, 58-47.
Sednaoui S. et S. Ltd., 45, rue de Chabrol; tél.: Nord, 64-03.
Ségur Isaac, 37, rue des Martyrs.
Ségny, 26, rue de Paradis; tél.: Cent., 15-89.
Séoheur, 29, rue Clincourt; tél.: Marc., 22-17.
Semach Léon, 65, rue Condorcet; tél. Trud., 20-86.
Semach V., 16, av. Mac-Mahon (17e)
Semach Sylvain, 24, rue de Turbigo.
Semama, 2-bis, rue de Valencienne.

S. E. MODIANO, 9, rue de l'Isly; tél.: Cent., 14-86: Gut., 61-26.
Courtier tous articles.

Semo J., 15, rue du Louvre; tél.: Gut., 22-46.
Semo Sam, 218-bis, rue St-Denis; tél.: Cent., 76-75.
Semto Daniel, 14, rue Alexandre-Dumas.
Semto Albert, 178, rue St-Martin.
Sentes A., Successeur, 20, rue de Paradis.
Serejannis Jean A., 18, rue Vignon.
Serrepettis N., 9, rue Charlot; tél.: Arch., 50-93.
Servière, 79, rue de Clignancourt.
Setion J., 72, rue Sédaine.
Setlan Hétoum, 20, pas. des Petites-Ecuries.

S. & S. AMON, 7, fg Montmartre; téléph.: Berg., 50-58.
Fournitures générales pour électricité.

Sevi Jacques, 74, bd Haussmann.
Sevi M., 12, av. Parmentier.
Sevi Nissim, 55, rue Popincourt.
Sévilla, Benston, 10, rue Pétion.
Shoninger, Bernard J., 11-bis, rue Scribe; tel.: Louvre, 24-91.
Sidès Alfred, 41, rue des Martyrs; tél.: Trud., 52-55.
Sidès Alfred, 41, bd Haussmann.
Sidès Gaston, 28, rue Vivienne.
Sidès Jacques, 41, bd Haussmann.
Sidy, 17, rue Cadet; tél.: Trud., 14-85.
Sigura, 39, rue Laborde.
Simanto Albert, 7, rue des Petits-Carreaux.
Simka Friedo S., (Ap.), 88-bis, rue Damrémont; tél.: Mar. 09-60.
Simha Vidal, 13, rue Auber.
Simon Albert, 6, rue Bassano.
Simon, 59, fg St-Martin; tél.: Nord, 36-03.
Simon Beno, 20, rue Royale.

Simon Bension, 185, rue St-Maur.
Simon frères, 12, cité Voltaire; tél.: Roq., 75-75.
Simon frères, 6, rue Botha ; tél.: Roq., 64-14.
Simon frères, 8, rue de Clichy ; Cent., 62-14.
Simon frères, 113, rue Réaumur; tél.: Louvre, 37-69.
Simon M., 11, bd Bonne-Nouvelle.
Simon Maurice, 14, rue de Rivoli; tél.: Arch., 06-27.
Simon R., 65, rue d'Amsterdam; tél: Gut., 77-78.
Simplex (Fided) 3, rue de Cloys; tél.: Marcadet, 07-47
Sinaï Maurg, 11, rue Lapeyreire.
Sitbon, 31, rue Michel-Lecomte; tél.: Arch., 02-11.
Skirmount, 3, rue Laffitte; tél.: Berg., 40-16.

S. MAZLOUM, 79, faubg Saint-Denis; tél.: Cent., 90-24.
Manufacture de Lingerie.

Sneyers et Cie, 39, bd Malesherbes; tél.: Elys., 42-66.
Sonotet, (les fils de H.), 2, Cité Paradis; tél.: Gut., 42-79.
S A. Anis Deloso, 225, rue de la Benauge, Bordeaux.
S. A. des Et. O. Graveleau, 16, bd. V.-Hugo, Nantes.
S. A. Fçaise Paris-Maroc, 6, r. de Marignan; tél.: Elys. 12-85.
S. A. France-Exportat., 91, r. Lafayette; tél.: Trud. 60-95.
Société Com. Parisienne, 51, r. J.-J.-Rousseau; tél.: Centr. 43-01.
Société des Chaussures Pinet, 35, rue Bolivar; tél.: Nord 46-83.
Société des Colles et Gélatines, 16, Cité d'Antin; tél.; Gut. 62-15.
Société de Produits métallurg., 5, r. J.-Lefèvre; tél.: Louv. 28-18.
Société du Caoutchouc manufact., 86, r. N.-D. de Nazareth;
Société Fourrures et Pelleter., 27, r. Gignoux; tél.: Saxe 06-90.
Société Durham Duplex, 15, Av. de la Gare, Sartrouville.
Société Française de Coutellerie, 31, rue Pastourel.
Société Française pour l'exploit., 10, r. Villedo; tél. Louv. 13-68.
Société Française de l'Est-Européen, 45 bis, rue de Marignan.
Société Franco-Américaine, 42, rue de Chalons; tél.: Roq. 51-32.

SOCIETE GENERALE, 29, boulevard Haussmann.
Toutes opératoins de Banque et de Bourse.

Société Générale de Bonneterie, 5, r. du Louvre; tél.: Gut. 07-95.
Société Gén. d'Orthopédie, 12, bd. Haussmann; tél.: Wag. 77-26.
Société Industrielle Franco-Bulgare, 12, rue Séguier.

SOCIETE « *Les Affréteurs Réunis* », 15, rue Scribe; téléph.: Gut., 83-99 et 40-04; Cent., 77-07 et 54-42; Inter., 482.
Armateurs, agents de lignes régulières pour tous pays.

Société Nantaise de prod. d'entretien, Nantes-Chantenay.
Société Nouvelle de la Buire Automob., 274, Gde-Rue de Monplaisir, Lyon.

SOCIETE PARISIENNE DE BONNETERIE FINE,
(Anciens Etablissements Florent Ledreux),
17, rue de l'Entrepôt; téléph.: Nord, 41-39.

Société Parisienne d'export., 13, r. St-Florentin; tél. Cent. 71-64.
Société Parisienne et Chalonnaise, 22, r. St-Augustin; Cent.73-79.
Solinsky et Cie, 5, rue de Châteaudun; tél.: Trud. 32-63.
Soret A., 1, rue Guillaume-Tell.
Soriano et Lepelletier, 2, rue de Chabanais; tél.: Centr. 87-27.
Soriano frères, 1, rue de Provence; tél.: Cent., 99-22.
Sotil Albert, 4, rue Popincourt.
Soudaka Georges, 7-bis, rue de Villejust.
Souhami (H. S. de), 98, fg. St-Honoré; tél.: Elys., 14-55.
Souhami J., 11, r. Théodule-Ribot; tél.: Wag., 21-36.
Souhami Lucien, 124, rue de Rivoli; tél.: Gut. 72-64.
Souhami R., 110, bd de St-Cloud, Garches.
Soulam, 21, rue Guénégaud; tél.: Gob., 14-84.
Soulau, 48, rue Charlot; tél.: Arch., 22-61.
Souzy et de Lacam, 31, boulev. Voltaire; tél.: Roq., 35-93.
Spalding A. et Bieros, 27, rue Tronchet; tél.: Louv. 31-21.
Sprung Et.-Manuel, 10, rue Bourg-l'Abbé; tél.: Marc. 07-47.
Sprung et Prin, 37, r. Ste-Croix-de-La-Bretonnerie; Arch. 49-01.
Standor, 19, bd. St-Martin; tél.: Arch., 48-70.
Staincq Louis, 15, rue Villaret-de-Joyeuse; tél.: Wag., 87-70.
Stampados André, 15, rue de l'Echiquier; tél.: Louvre 30-30.
Strevinas et Valsamaki, 34, r. d'Hauteville; tél. Berg., 39-55.
Sultan Emile, 90, r. d'Aboukir; tél.: Gut., 02-56.
Sultani Jos., 5, rue Renault.
SYLVAIN ARAMA, 26, rue Montholon; téléph.: Trud., 09-89.
Chirurgien-Dentiste; tous les jours de 2 à 6 heures.

MM.

T

Tabacs d'Orient et d'outre-Mer, (S. A.), 2, rue des Mathurins.
Taboh Elie, 5, avenue Henri-Martin.
Taboh Is., 5, avenue Henri-Martin.
Talamas et Cie, 24, rue du Mont-Thabor; Gut. 68-21.
Talmud Jacob, 11 *bis*, rue de Maubeuge.
Taluaud et Bancaud, Limoges; tél.: 1-22.
Tamvaco et Verny, 118, av. des Ch.-Elysées.
Tannerie de la Bièvre, 7, rue des Cordelières; tél.: Gob. 03-98.
Taragano, Franco et Cie, 95, bd. Voltaire; tél.: Roq., 66-41.
Taragano Jos., 52, rue Sédaine.
Taragano, M. Hananel et Cie, 81, rue Réaumur; Louv., 29-71.
Tarel J. et Cie, 80, rue St-Martin.
Tazartes Lazare, 81, rue Caulincourt.
Tazartes Rabéno, 10, rue Mandar; tél.: Cent., 95-77.
Tchoucran D., 15, rue Keller.
The Transcaucasian C°, 14, rue Taitbout.
Thibouville Jérôme et Cie, 68 *bis*, r. Réaumur; tél. Arch. 30-72.
Thomas et Cie, 15, rue Martel; tél.: Cent., 58-52.
Thomas et Cie, 15, place de la République; tél.: Arch., 50-42.
Thuasme et Cie, 71, faub. St-Martin; tél.: Nord, 06-02.
Th. Valsamaky et Cie, 34, rue d'Hauteville; tél.: Berg., 39-55.
Thym Ch. et Cie, 13, rue Grange-Batelière; tél.: Louvre 44-61.
Tiano A., 28, rue de Paradis; tél.: Gut., 41-44.
Tiano André, 28, rue Grange-Batelière.
Tiano Paul, 28, boulevard Bonne-Nouvelle.

Tilchi frères, 3, rue de Marivaux; tél.: Gut., 14-69.
Toli Joseph, 106, rue de la Roquette.
Tissier, 37, rue J.-J.-Rousseau.
Toledo D. (de), 112 *ter*, r. Marcadet; tél.: Marc., 17-43.
Toledo Georges de, 17, rue Grange-Batelière.
Toledo M. de (Ing.), 29, av. de Wagram; tél.: Wag., 46-64.
Toledo Sam. de, 13, rue Auber.
Toledo Vitalis, 121, rue de Courcelles; tél.: Wag., 49-67.
Torres Albert, 47, rue Condorcet.
Torrès Elie A. (Ap.), 4. *bis*, av. Kléber; tél.: Passy, 82-76.
Torrès Elie J., 7, rue Lalo; tél.: Passy, 72-30.
Torres Into, 59, faub. Poissonnière; tél.: Berg., 48-70.
Torres Into, 23, rue Caumartin; tél.: Cent., 07-11.
Torres Raoul, 28 *bis*, rue Lacordaire; tél.: Saxe. 02-44.
Toubart Paul, 76, avenue de la République; tél.: Roq., 61-48.
Touraille Meillasseau et Cie, 39, r. Etienne-Marcel; Louv., 17-28.
Traub Isidore, 9, rue Buffault.
Tréal, 13, rue Richer; tél.: Cent., 96-25.
Tremblot et Cherest, 6, rue d'Aboukir; tél.: Gut., 46-88.
Trèves A. fils, 21, rue du Sentier; tél.: Gut., 50-08.
Trèves Jos., 9, cité Bergère.
Tricot (de), 5, rue Réaumur; tél.: Arch., 00-08.
Truchet, 3, rue Poissonnière.

U

MM.

Union Franco-Egyptienne, 19, rue Saint-Roch.
Uziel et Cohen, 32, rue d'Hauteville; tél.: Berg., 49-70.
Uziel Albert, 45, rue Rochechouart.
Uziel B., 28, boulev. de Strasbourg.
Uziel César, 60, rue des Petites-Ecuries.

V

MM.

Vacoyannopoulos, 121, rue de Courcelles; tél.: Wag., 33-88.
V. AELION, 3, rue des Jeûneurs; téléph.: Cent. 97-56.
Manufacture de tissus en tous genres.
VITALI FRANCES FRERES, 1, faubourg St-Honoré; téléph.: Elys., 10-96. — *Bijoux anciens, pierres et perles fines.*
V. SEMACH, 16, avenue Mac-Mahon (17e).
Bonneterie, Broderies, Dentelles.
Vaio S., 80, rue Sédaine.
Valette Ernest, 1, rue Favart.
Valdor (papier à cigarettes), 48, rue de Provence.
Valanchon L.-P., 14, rue de Cléry; tél.: Gut., 40-00.
Vancrombreucq, 108, rue Caulaincourt.
Vasseur Francis, 142, fg St-Denis; tél.: Nord, 44-77.

Téléph. Louvre 05-12

G. Fernandez

Représentation

64, rue Richelieu-Paris

Benusiglio

Commission - Export - Import

— Papeterie, —
Parfumerie - Bonneterie

146, rue Naujac - BORDEAUX

RESTAURANT
(Ancienne Maison Louna)

Abéni - Behar
Successeurs

כשר

Cuisine soignée
Spécialité
de Plats Orientaux
Prix Modérés

11, rue Cadet, Paris

Tél. **Cent. 83-67**

Léon Abastado

Agence générale
de
Journaux et Publications

18, rue d'Abbeville
PARIS

Photographie
GATTEGNO
Travaux artistiques
en tous genres

22, rue Moyenne - Bourges
(Cher)

NISSIM SALTIEL
Diplômé de l'Ecole Dentaire
de Paris.

Prothèse Dentaire

26, Bd. Garibaldi - Paris

Valsamaky Vikelas et Cie, 34, r. d'Hauteville; tél.: Berg., 39-55.
Venetia Albert, 36, rue Bergère.
Veneziani R., 8, rue Ménars; tél.: Gut., 03-74.
Ventura M., 100, rue d'Aboukir.
Ventura A., 2, rue du Renard; tél.: Arch., 39-83.
Ventura Is., 11, rue Petion.
Ventura Nissim, 127, av. V.-Hugo; tél.: Passy, 48-23.
Ventura frères et Cie, 126, rue d'Aboukir.
Ventura Abram, 45, boulev. Beauséjour.
Ventura Maurice, 32, rue d'Hauteville.
Venturero et Cie, 18, cité Trévise.

VICTOR SCIAKY, 54, r. Et.-Marcel; tél.: 29-04.
Commission-Exportation.

Vidal Maurice, 21, rue de la Boétie; tél.: Elys., 16-88.
Vidal Raphaël, 13, rue Blctte.
Vidal David, 112, rue du Bac; tél.: Saxe, 16-85.
Vidal et Mayo, 21, rue Lavoisier; tél.: Elys., 59-76.
Vigny, 416, rue Saint-Honoré; tél.: Gut., 47-87.
Vimont, 3, rue des Deux-Boules; tél.: Gut., 58-67.
Vincent Maurice, 16, rue de l'Echiquier; tél.: Berg., 47-13.
Violet, 29, boulev. des Italiens; tél.: Gut., 56-18.
Vion, 38, rue de Turenne.
Vitalis C., 29, rue de Constantinople.
Vitel Achille, 12, rue Saint-Joseph.
Vitaly Caraco, 25, rue Bergère; tél.: Cent., 02-47.
Volf, 51, rue d'Aboukir; tél.: Cent., 08-87.
Vollérin, 42, rue Richer.
Vornys frères, 6, rue des Jeûneurs; tél.: Gut., 53-01.
Voyazis Marc, 10, rue Saint-Gilles; tél.: Arch., 33-72.
Vunche et Cie, 150 *ter,* rue du Temple; tél.: Arch., 43-75.

MM

W

Wahl Etienne, 27, rue du Château-d'Eau.
Wallach A., 7, rue Rougemont; tél.: Louvre, 54-36.
Warnier David et Cie, 41, rue de l'Echiquier; tél.: Gut., 33-70.
Weil Brothers, 10, rue Sainte-Cécile; tél.: Gut., 33-08.
Weil Gattegno et Cie, 38, quai Jemmapes; tél.: Nord, 61-86.
Weil H., 36, rue de Cléry; tél.: Cent., 61-72.
Weil Kinsbourg et Bernheim, Elbœuf, 36, rue de Caudebec ;
Weil R., 115, faub. Poissonnière; tél.: Trud., 30-26.
Weil René-Henri, 38, avenue de Wagram.
Weil Slomon et Cie, 103, rue Lafayette; tél.: Nord, 72-31.
Weiss et Cie Ltd, 7, rue Saulnier; tél.: Berg., 40-60.
Weiss et Meyer, 82, rue d'Hauteville; tél.: Cent., 89-94.
Weyl, 28, rue de Trévise; tél.: Berg., 43-30.
William Gay, 28, rue des Petits-Champs.
Willoq A., 19 et 21, rue Charles-Marinier; tél.: Roq., 04-14.

MM

Y

Yacar M., 47, rue Popincourt.
Yacoël Albert, 31, rue Saint-Honoré; tél.: Gut., 40-80.
Yacoël Albert (Ap), 140, bd Exelmans; tél.: Aut., 21-36.
Yacoël J. (Dr), 14, rue de Tilsit; tél.: Elys., 68-68
Yacoël Maurice, 13, rue Auber.
Yacoël Albert, 82, rue Lafayette.

PELLETERIES ET FOURRURES
Exportation pour tous pays

M^on B. D. BENJAMIN

La mieux assortie et vendant le meilleur marché — Commerce de peaux brutes

2, Av. du Tribunal Fèdéral - LAUSANNE (Suisse)

Téléphone : Cent. 24-50 **Télégram : SAMYOLAS**

Sam J. Yoel et Cie

7, rue Saulnier, 7 — PARIS (9e)

Produits chimiques et pharmaceutiques
Thermomètres médicaux et de Laboratoire
IMPORT — COMMISSION — EXPORT

Emplacement réservé à la

Maison NYSS

42, faubg Montmartre

Bonneterie fine de luxe

Téléph.: Berg. 37.63

A. PESSAH

17, fg. Montmartre
PARIS

Commission
Exportation

Téléph.: Berg. 53.08

Albert S. NAAR

AGENT

Films cinematographiques

35, rue Bergère - PARIS

Yaèche Léon, 46, av. de Clichy.
Yaèche, 102, rue d'Aboukir; tél.: Louvre, 08-12.
Yaèche A., 94, fg. Poissonnière; tél.: Trud., 55-04.
Yoël Sam, 7, rue Saulnier; tél.: Cent., 24-50.
Yoël Joseph, 7, rue Saulnier.
Yvonne Gérard, 13, rue Taitbout.

Z

MM

Zacwey Charles, 16, rue Monge; tél.: Gob., 00-93.
Zadoc Isaï (Dr), 38, rue N.-D. de Lorette.
Zadoc Hananel, 38, rue N.-D. de Lorette.
Zadoc Joseph (Dr), 3, square Moncey; tél.: Louvre, 01-35.
Zadoc Charles, 38, rue N.-D. de Lorette.
Zadoc Raoul, 38, rue N.-D. de Lorette.
Zadocks de Moerkerk, 3, avenue du Prés.-Wilson; Passy, 40-68.
Zalmon P., 4, rue de la Paix; tél.: Cent., 77-30.
Zalud, 3, avenue de l'Opéra; tél.: Cent., 58-2[illegible].
Zavaro Is., 121, rue Saint-Maur.
Zavaro Albert, 121, rue Saint-Maur.
Zéboulme Jules, 47, rue St-Georges; tél.: Trud., 09-09.
Zecchini et Cie, 66, rue Lafayette; tél.: Berg., 48-49.
Zeisig Armand, 23, rue Saint-Augustin; tél.: Cent., 65-09.
Zivy frères, 4, rue de Châteaudun; tél.: Trud., 32-90.
Zivy frères, 24, rue Buffault; tél.: Cent., 32-90.
Zouaïm Ant.-J., 83, fg St-Denis; tél.: Cent., 61-22.

Omission

Page 159 ; avant Dieu Louis & Cie., *ajouter ;*

DIAZ & LEHMAN, 23, rue des Mathurins; tél.: Cent., 07-50.
Exportation, Importation, Commission.

Karagueuz à Paris

Permettez-moi de vous présenter mon ami Karagueuz :

Karagueuz, c'est un peu guignol, mais un guignol d'un genre à part, d'une essence rare. Le guignol oriental tient de La Fontaine, de Voltaire, de Rabelais aussi. Il ne fait pas seulement rire ou peur, il fait souvent penser, voire essuyer une larme furtive. Ludovic Halevy, qui se connaissait en types, s'en fût attendri et Jules Claretie, s'il l'avait entendu, lui eût consacré une de ces tranches de vie parisienne dans lesquelles il excellait. Karagueuz jouit de beaucoup de prestige sur les rives du Bosphore où ses facéties firent époque et où il a laissé de nombreux disciples qui continuent de philosopher soulignant leurs sentences d'un large sourire, ce qui en atténue la sévérité.

La grande guerre surprit Karagueuz en terre que je ne saurais qualifier d'étrangère s'agissant de la France, pays classique de l'hospitalité. D'aucuns soutinrent que la petite guerre des Balkans, prélude du grand jazz-band, avait contraint Karagueuz d'abandonner son foyer. Quoi qu'il en soit, notre homme déambulait sur les boulevards le soir du jour à jamais mémorable où la mobilisation générale fut décrétée. C'était la guerre. Que faire en pareille occurrence ? Retourner là-bas, il ne fallait pas y songer. En attendant le moment de savoir à quoi se résoudre, Karagueuz remonta chez-lui, enfila un entari, *chaussa ses* babouches, *fourbit son* narguileh, *en changea l'eau, bourra le goulot de bonnes feuilles de tabac aromatisé, couronna celui-ci d'une braise rutilante, se mit sur son séant au creux d'un sofa moelleux et se livra à sa passion favorite : fumer.*

C'est dans cette pose que le trouva l'armistice. Quatre ans après, il fallut la nouvelle de la publication imminente du « Guide Sam » *pour décider Karagueuz à s'écrier : « Ah ! ». Ce fut pour nous l'indication que nous pouvions paraître et nous entrâmes sans nous faire prier et sans même sonner à la grille du conak.*

Comme de juste, au cours de la conversation, en vrai oriental, Karagueuz nous parla de Paris, émettant des aphorismes d'une grande brutalité. Sur le désir que nous manifestâmes, le maître de céans nous autorisa à rapporter quelques uns de ses propos. Il voulut seulement voir les tablettes sur lesquelles avaient été consignées les notes, approuva celles-ci et les authentiqua en les revêtant de son paraphe. C'est donc Karagueuz qui parle. La sagesse orientale dit : « Ne fais pas ce que veut le prédicateur, mais écoute ce qu'il dit ». Pour une fois suivons les préceptes de la sagesse orientale, écoutons Karagueuz, écoutons-le seulement :

❧

Sur le recensement de Paris

Les Français sont de très braves gens, ils ont le cœur sur la main et ne sauraient faire du mal à une mouche. Mais ils sont naïfs et crédules ; ils s'en laissent compter sans se donner la peine d'additionner eux-mêmes. Je vais vous en citer une preuve et prendrai comme exemple la population de la ville de Paris.

Combien croyez-vous que la capitale de la France contient d'habitants ? Les statistiques officielles parlent de deux-millions-neuf-cent-quatre-vingt-dix-mille âmes. Les parisiens le croient, non seulement par crédulité, mais parce que leur erreur initiale est de jurer par l'administration dont le péché véniel est de partir du faux calcul suivant : On appelle habitant, en France, les personnes qui, telle nuit de l'année, de telle telle à heure, ont dormi dans un endroit déterminé !!.. Toutes les lois, tous les règlements qui s'en suivent sont faits sur base des résultats de ce recensement nocturne qui établit le chiffre de la population endormie d'une ville.

Et l'autre ? celle qui veille ? Et tous ceux qui viennent y passer la journée et auxquels s'appliquent les règlements ? Non, non, le calcul tel que l'établit l'administration ne tient pas debout. Pour ne parler que de Paris, il suffit de faire une petite enquête auprès des six compagnies de chemins de fer qui desservent la capitale pour apprendre que plus de quinze cent mille personnes, habitant la banlieue, grande et petite, affluent tous les jours à la métropole. Si l'on y ajoute les voyageurs qui prennent le tramway, l'autobus, le bateau, ou plus simplement viennent à pied, on ne sera pas loin de se heurter à une masse de deux millions de gens qui ne dorment pas dans Paris, mais, bien au contraire, qui y vivent du matin au soir. Avec les deux millions neuf cent quatre-vingt-dix mille de l'ad-mi-nis-tration, cela fait un petit cube, ou une pyramide comme on dit en Egypte, de près de cinq millions d'habitants que compte la bonne ville de Paris. Appliquer à cinq millions de personnes bien vivantes, remuantes et trépidantes, des règlements faits à l'usage de deux millions d'habitants endormis, c'est chercher la quadrature du cercle, c'est prétendre avoir trouvé la pierre philosophale dont se servaient les alchimistes de l'Arabie Pétrée.

Sur les stations du Métro

De ce péché capital de l'administration découlent presque tous les autres. Quelques phénomènes sociaux s'en trouvent même compliqués comme à plaisir. Par exemple, celui de la circulation. Parlons-en de ce problème de la circulation Savez-vous ce qui le rend presqu'insoluble ? Allez voir dans l'antichambre s'il ne s'y trouve pas de journaliste caché. Personne ? Bon, je puis alors parler puisque eux n'en disent jamais un mot : Ce qui, dans une bonne mesure, contribue à rendre inextricable la question de la circulation parisienne, c'est... je vous le donne en cent, je vous le donne, en mille..., c'est le mètro, ou plus exactement, ce sont les stations de métro qui poussent comme des champignons sur la voie publique. J'ai beau m'appeler Karagueuz, j'ai beau aspirer l'haleine parfumée de mon narguileh, je n'arrive pas à comprendre comment l'administration a-t-elle toléré cet empiètement sur la voie publique ; pourquoi n'a-t-elle pas obligé les compagnies à établir les stations dans les immeubles ? Je ne sache pas que les arrêts du Sentier, de la place Saint-Georges, la gare de ceinture du Luxembourg, etc., s'en trouvent plus mal pour être logées dans des immeubles. Vous allez me dire que la perscpective est sauvée, comme à l'Opéra. En effet, mais cela ne comprime pas moins le volume des passants en poussant ceux-ci vers la bordure des trottoirs, ce qui revient à dire que cela ne gêne pas moins la circulation. Et non contente de cela, l'administration a permis de sectionner certaines grandes artères, d'en réduire l'espace libre pour y installer d'interminables ponts, viadues et voies aériennes qui ont, par surcroît, le peu inviable privilège de priver d'air et de lumière d'innombrables habitations. Allons donc ! s'étonner des difficultés de la circulation quand on en est l'auteur, y chercher un remède en créant de nouvelles complications, cela est bien administratif.

⁂

Sur la crise des logements

Oui, oui ; votre réplique est sur vos lèvres. Je la résume : « Sans compter les millions que cela coûterait aux compagnies, le tranfert des stations du métro dans les immeubles rendrait encore plus aiguë la crise des logements. Elle serait dans de beaux draps l'administration, si elle avait à se préoccuper de quelques milliers d'habitants de plus à caser... »

Cet argument est illogique comme les autres. Tout d'abord, les millions que les compagnies auraient à débourser laissent la population indifférente. En tous cas, les travaux occuperaient tous les sans-travail, ce qui serait d'un grand soulagement pour les deniers publics. Quant à la crise des logements, c'est là encore une légende. Je me suis laissé dire que la périphérie de Paris mesure soixante quatre kilomètres. Quel magnifique parti on peut tirer des fortifications sur lesquelles, sans avoir besoin de les démolir, il est possible d'édifier un ruban de quatre à cinq mille maisons de rapport, ce qui formerait le plus beau collier du monde entourant la reine des cités. Et quels avantages ne retirerait-on pas des talus eux-mêmes qui deviendraient de beaux jardins suspendus. Il faudrait une Sémiramis et notre Haroun-el-Rachid pour transformer en sites enchanteurs et idylliques des environs auxquels on ne songe aujourd'hui qu'en haussant les épaules. Si l'administration voulait, ce rêve pourrait devenir une réalité en quelques années et les parisiens pourraient connaître des allées Leullier, des avenues Autrand, etc., comme ils se promènent sur les boulevards Haussmann et tant d'autres.

Sur les embarras de la circulation

Comme vous n'êtes pas à une observation près, vous allez me dire qu'une nouvelle difficulté surgirait alors, la question des distances. Elle est résolue à l'avance celle-là, elle n'existe même pas. Où ne va-t-on pas avec le métro et tous les autres moyens de locomotion ? C'est précisément la compagnie du métro, celle du Nord-Sud et deux ou trois autres grandes institutions qui devraient se mettre à la tête de cette entreprise monstre, mais bien digne de Paris, de la ville lumière, de ce centre du monde qui pourrait abriter ainsi cinq cent mille nouveaux habitants sinon davantage. L'exode vers la périphérie, le retour à la circulation de toute la surface des trottoirs, l'installation de quelques disques verts au lieu et place des trop fameuses pour ne pas dire ridicules bandes jaunes et rouges, résoudraient du même coup le problème des embarras de Paris. Il est vraiment surprenant que la chronique des accidents ne soit pas plus chargée que cela. On doit, il est vrai, ce miracle à la grande habileté des conducteurs parisiens qui sont tous des as. Les chauffeurs des glorieux taxis, il faut leur rendre cette justice, font aussi oublier le manque d'aménité des importants et importuns automédons d'antan.

A ce propos, savez-vous lequel, parmi tous les véhicules de Paris, je redoute le plus ? Non, ce n'est pas l'auto, ce n'est pas l'autobus ; ce ne sont pas non plus les camions au gabarit de wagons-citernes et plus longs que les slepeen-cars, ni même les sidcars et les motocyclettes. Mais ce sont les vulgaires bicyclettes. Oui, ces deux petites roues mièvres, en caoutchouc, qui ne pèsent pas souvent plus de cinquante kilos y compris le cycliste, m'inspirent une véritable terreur. Sans crier gare, sans phare ni trompe, elles surgissent, silencieuses, démoniaques, vous glissent entre les jambes, vous renversent, vous défoncent les côtes et disparaissent sans réclamer leur reste. Quant elle ne vous estropie pas pour la vie, la bicyclette vous démet un membre, vous luxe un poignet ou vous met en lambeau votre habit de luxe. J'évolue allègrement au milieu des autos, des taxis, des trams, des autobus, des camions et autres chars avec ou sans bancs. Mais dès qu'une bicyclette paraît, j'en demeure médusé ; si je veux fuir à droite, elle me devance ; à gauche, elle me talonne ; si je reste sur place, le cycliste me regarde avec mépris ou ricane tel méphisto. Ce n'est pas en vain que chez nous on dénomme ce mode de locomotion : *chéïtan arabassi,* véhicule du diable...

Sur les chapeaux des dames

Il est une autre apparition dans la rue qui a le don de me saisir. Parfaitement, vous avez deviné, je veux parler de la femme, non pas dans le sens que vous croyez, mais pour son chapeau qui est pour moi beaucoup plus exaspérant que la bicyclette. Vous êtes-vous jamais donné la peine de regarder le chapeau d'une femme ? Oh, je vous en prie, faites-le.

De la terrasse d'un café, de la plateforme d'un autobus, de l'impériale d'un tramway ou de la nacelle d'un avion, regardez passer les femmes et dites-moi si l'on peut imaginer une chose au monde comparable à la mascarade des chapeaux.

Pour commencer, vous n'en verrez jamais deux d'identiques. Sur cent passantes, il y a quatre-vingt-dix-huit chapeaux différents et deux « têtes ». Et qu'est-ce qu'ils représentent ces chapeaux ? Quelles formes, quelles allures n'epousent-ils pas ? Quels attributs portent-ils ? Que dire de ces nœuds, de ces plumes, de ces fleurs, de ces glands, de ces fruits, de ces légumes et autres cucurbitacées ? Oh, non, cent fois non ! Quand je vois des femmes se promener avec, sur la tête, des turbans, des bi, des tricornes, des ailes — oui, des ailes — et tant d'autres invraisemblances plates, arrondies, coniques, pyramidales, je me demande où placent-elles l'intelligence. Mettez une femme devant la série des chapeaux qu'elle a portés en dix ans et demandez-lui ce qu'elle en pense. Je vous déclare que les chapeaux de femme, c'est pour moi quelque chose de fantastique, d'inconcevable, de fabuleux, d'incohérant et ne dénote aucune supériorité — ni même d'égalité — chez celles qui s'en affublent...

Mais, il paraît qu'on ne doit pas critiquer les femmes en France. Alors, j'aime mieux me taire plutôt que de contrarier les habitudes d'un pays qui m'offre une aussi charmante hospitalité et où je puis satisfaire mon vice mignon de fumer mon cher narguileh. Si vous avez une minute, venez me voir l'année prochaine. Nous referons un bout de causette. Promettez-moi tout de suite de ne pas me faire dire des choses qui puissent désobliger qui que cela soit. Je n'aime pas taquiner, même d'une plume légère, ceux dont nous avons tout à apprendre.

Allez en paix, mon fils, et que le Seigneur vous garde des chap... pardon, j'ai voulu dire des bicyclettes.

Karaguez

LA SYRIE

Sa Valeur économique

A notre très vif regret, il ne nous a pas été possible, l'année dernière, de nous rendre en Syrie et en Egypte. Au moment même où, nous trouvant à Constantinople, nous nous disposions à aller visiter Smyrne et la foire de Beyrouth, nous avons dû renoncer à ce voyage et rentrer d'urgence à Paris. Nous espérons être plus heureux cette année et réaliser notre vœu de voir de près une contrée qui fut, à plus d'un titre, un des grands foyers de la civilisation et que chantèrent tant de poètes et de philosophes.

Toutefois, dans cet ouvrage qui prétend servir les intérêts économiques français dans le Levant, nous ne pouvions pas nous dispenser de parler d'un pays où la France, plus que des espoirs économiques, a des droits plusieurs fois séculaires. Le hasard qui ne fait jamais les choses à demi, nous a servi à souhait. Dans la « Revue des Deux Mondes », *qui est le véritable Moniteur de la pensée française et où se manifestent en premier les plus belles idées embrassant tous les domaines, nous avons eu la joie de lire une très remarquable étude sur l'œuvre de la France en Syrie. Cette étude est signée* Testis, *pseudonyme sous lequel se cache certainement une haute personnalité au courant, mieux que n'importe qui, des choses du Levant en général et de la Syrie en particulier.*

C'est à ce travail d'une valeur inestimable, le plus récent et le plus parfait, que nous empruntons les pages suivantes sur la valeur économique de la Syrie :

LA VALEUR ECONOMIQUE DE LA SYRIE.

Il existe, en Syrie, trois grandes régions de culture distinctes : la plaine d'Alep, prolongée à l'Est par la Haute Mésopotamie, et se soudant à la Syrie du Sud par le couloir de Homs à Hama et la plaine de la Bekaa ; la plaine de Damas avec le Hauran ; la zone côtière.

La région d'Alep offre toutes les possibilités agricoles d'un sol alluvial et sablonneux, que les irrigations doivent rendre très fertile. Sur 86.000 kilomètres carrés que comprend la région, 44.000 sont cultivables et, suivant une appréciation admise jusqu'ici, 430.000 hectares seulement étaient cultivés en 1913. Des vergers existent dans les vallées ; sur les vastes plateaux calcaires, de grandes étendues sans obstacles sont favorables à la culture extensive du blé et à l'emploi des machines agricoles, qui a déjà été commencé dans la région. Le rendement qui n'a été jusqu'ici que de 700 kilogrammes par hectare, pourrait être porté à 1.000 kilos.

Dans la région d'Alep, principalement dans les plaines d'Idlib, de l'Amouk, de Killis, d'Aïntab, de Serroudj, la culture du coton est déjà entreprise, et peut être largement développée. Il en est de même d'autres cultures comme celles de l'olivier, des graines oléagineuses, des arbres fruitiers, des pistachiers, de la réglisse, qui donnent déjà lieu à une très active exploitation.

Le régime politique de la région, qui tient de l'organisation féodale, est favorable, en raison de la faible densité de sa population, à l'organisation de la grande culture par association des capitaux français avec ceux des grands propriétaires indigènes.

La Haute Mésopotamie forme, dans la zone de mandat français, le prolongement naturel du bassin d'Alep. Son sol alternativement formé d'alluvions, de terres noires basaltiques, de terres rouges d'origine calcaire, est parcouru par d'abondants cours d'eau. Les irrigations y sont faciles et toutes les céréales, blé, orge, peuvent y être cultivées, le coton également. Il est compté comme terres cultivables 11 millions d'hectares, c'est-à-dire 60 pour 100 de l'étendue de la Haute Mésopotamie, estimées approximativement à 1.831.000 kilomètres carrés. C'est donc là une réserve d'une inépuisable richesse que l'exploitation du chemin de fer de Bagdad doit forcément contribuer à favoriser.

L'élevage est également prospère dans cette région parcourue par des peuples pasteurs. Le troupeau de la Haute Mésopotamie peut être évalué à 5.000.000 de têtes, dont 2.000.000 de moutons, sur lesquels 500.000 environ sont poussés chaque année de la Haute Mésopotamie sur la côte syrienne pour la consommation locale et l'exportation. Au Sud, la zone de céréales d'Alep se prolonge par la vallée de l'Oronte, puis le bassin de Homs et de Hama, vaste couloir propre à la culture dès que l'irrigation, qui y est possible, intervient. On aperçoit de riches vergers et des cultures plantureuses, partout où l'eau affleure. Les jardins sont parfaitement cultivés aux environs des villes. A Homs, on compte que la production des fruits et des légumes représentait avant la guerre une valeur d'un million.

Plus au Sud encore, le couloir de Homs conduit à la plaine fertile de la Bekaa, comprise entre le Liban et l'Anti-Liban. C'est une longue dépression de plus de 130 kilomètres de long sur 8 ou 10 de large. Le Litani et l'Oronte coulent à travers la plaine en sens opposé et arrosent sa riche terre d'alluvions. Les champs de céréales, les mûriers, les vignobles s'y succèdent sans interruption. La belle exploitation de la ferme modèle établie par les Pères Jésuites près de Zahlé est la preuve de tout ce que l'on peut tirer de ce pays.

La région de Damas, complétée au Sud par les plaines du Hauran depresente un site de verdure heureusement arrosé par les bras de la rivière Barada ; sur une superficie de 80.000 hectares, bien cultivée, s'étalent des cultures maraîchères et se pressent de nombreux vergers. La production, qui atteint 7 à 8.000 tonnes, a donné naissance en particulier à la fabrication des célèbres pâtes d'abricots de Damas. L'élevage est également possible dans les prairies bien irriguées.

Mais toutes les céréales sont importées du Hauran, qui est le véritable grenier de Damas, et dont la ville reçoit les 50.000 tonnes de blé et d'orge qui lui sont nécessaires. Un dixième à peine des 29.000 kilomètres carrés de terre arable du Hauran est en exploitation. Il est déjà récolté annuellement 230.000 tonnes de blé, dont 115.000 sont exportées. On voit tout ce qu'il est possible de tirer d'une pareille région.

La zone côtière est la moins riche en ressources agricoles de toutes les régions de la Syrie. Les plaines littorales manquent d'ampleur, et n'offrent pas d'aussi larges possibilités que celles de l'intérieur. Les environs de Latakieh produisent 2.500.000 kilos de tabac très estimé, dont la culture pourrait être étendue plus largement à la zone côtière. Akkar est au centre d'une plaine fertile et bien arrosée, dans laquelle on récolte le blé, l'orge et le maïs, à proximité du port de Tripoli. Le coton a été jadis cultivé dans la région ; les oranges, les olives, sont également une importante ressource pour l'exportation. En 1913, Tripoli vendait à l'extérieur 140.000 caisses d'oranges et Saïda 50.000. La culture de l'olivier pourrait être largement étendue et plus méthodiquement poursuivie. Enfin, la vigne couvre les terrasses rocheuses et ensoleillées des environs de Saïda, du Merdj Ayoun et de Zahlé. Le « vin d'or » du Liban a une célébrité locale.

La soie est une des ressources principales de la Syrie et surtout du Liban. C'est de France que viennent les graines et c'est vers la France qu'est dirigée toute la production séricicole du pays. Lyon possède à ce titre de très gros intérêts au Levant. Mais la production a été fortement atteinte par la guerre; la misère a fait déserter les exploitations, beaucoup de Libanais ont émigré, les mûriers ont été coupés. La production annuelle s'est abaissée à 1.200.000 kilogrammes de cocons frais en 1920, alors qu'elle atteignait, en 1910, 6.730.000 kilogrammes. Avant la guerre, l'exportation des cocons secs et de la soie représentait une valeur moyenne de 28.000 000 de francs, qui s'est élevée jusqu'à 42 millions, pendant l'année la plus favorable.

Il faut signaler également l'importance des immenses troupeaux de moutons et de chèvres qui constituent souvent l'unique richesse des Bédouins nomadisant dans les vastes territoires des steppes syriennes. C'est là une ressource qui peut être augmentée. Les moutons donnent une laine dont l'exportation, en grande partie à destination de la France, atteignait avant la guerre 10.000 tonnes. Le cheval syrien, ancêtre du pur sang anglais, est encore représenté par des types intéressants dans toute la Syrie. La création de haras, déjà entreprise, permettra d'en développer la race. Les mulets et les chameaux sont également en nombre très important, et d'un intérêt capital, puisqu'ils représentent le seul mode de transport généralisé dans l'intérieur

Enfin, on ne peut manquer de mentionner parmi les ressources de la Syrie toutes celles qu'elle offre comme pays de tourisme, à cause de sa richesse en souvenirs du passé et en sites pittoresques. Située entre Constantinople et l'Egypte, à proximité de la Haute Mésopotamie et de la Palestine, elle conserve les plus beaux vestiges des civilisations, égyptienne, phénicienne, romaine, byzantine, arabe et franque, qui ont successivement régné sur son sol. Il suffit de citer ici les noms illustres de Palmyre (Tadmur) construite par Salomon et détruite par Nabuchodonosor, devenue romaine grâce à Adrien, Palmyre qui fut la ville fameuse de Zénobie, au règne de laquelle Aurélien mit fin en 272, qui fut enfin prise et détruite par les Turcs en 1519, et dont il ne reste depuis que les ruines, qu'a célébrées Châteaubriand: Balbeck, l'étape célèbre des routes du Nord vers Tyr et Sidon, florissante sous l'empire d'Alexandre, devenue l'Héliopolis grecque et une colonie romaine sous Auguste. C'est de cette époque que datent les monuments uniques qui remplacèrent ceux que la civilisation précédente avait consacrés au culte de Baal.

Les ruines phéniciennes, les inouis châteaux francs encore debout sur les sommets les plus escarpés méritent que l'on fasse pour les visiter les excursions les plus lointaines. Les grands voyageurs du passé qui ont accompli ces voyages nous en ont laissé des descriptions restées célèbres dans la littérature française et signées : Châteaubriand, Lamartine, Gérard de Nerval, Vogüé, pour ne citer que les plus illustres. Il commence heureusement à être fait en France un effort sérieux, auquel le Touring Club veut s'intéresser, pour déterminer l'afflux de voyageurs en Syrie et au Liban et y rendre le séjour agréable et confortable. L'attrait du pittoresque concourt donc avec la richesse du sol pour nous attirer au Levant.

Les chiffres cités permettent d'affirmer sans exagération qu'il s'y trouve, dans les plaines d'Alep qui furent un des greniers de Rome, dans celles de la Haute Mésopotamie, du Hauran et de Damas, aussi bien que dans la région côtière, une place de premier ordre pour associer à ceux du pays nos capitaux, nos ingénieurs, nos techniciens, nos commerçants.

Sans doute, en même temps que les plus beaux espoirs, de nombreuses difficultés nous attendent. Qu'il suffise de les énumérer ici, tant pour aider à les résoudre que pour garder chacun d'un trop facile engouement. Le premier problème est celui de la main-d'œuvre, à laquelle il faut suppléer par le large emploi de la motoculture, dans un pays qui est insuffisamment peuplé. On compte, en effet, 53 habitants au kilomètre carré dans la partie côtière et beaucoup moins pour la zone intérieure, sans qu'il soit possible de donner une évaluation plus précise. On compte, pour l'ensemble de la population de la Syrie, environ 4.000.000 d'habitants. Partout où la motoculture n'est pas possible, il faudra pousser l'instruction technique des populations agricoles, qui en sont encore à l'emploi des procédés les plus primitifs.

La création de banques et de syndicats agricoles s'impose. Elle est déjà commencée et certaines institutions ont fonctionné d'une façon satisfaisante

Mais la condition principale de la renaissance agricole et du développement du pays doit être l'amélioration du régime des terres. Elle est surtout nécessaire dans les régions de grande propriété dotées d'un régime quasi féodal, et où la mise en valeur a été presque impossible jusqu'ici.

Outre ces réformes de législation foncière, il doit être entrepris une réforme fiscale, qui substituera aux dîmes actuellement perçues et d'un régime très compliqué, un impôt foncier mieux défini, plus équitablement réparti, et qui, grevant lourdement les terres incultes, favorisera la mise en valeur de toutes les richesses en vue d'un meilleur rendement.

Cette production a d'autant plus d'importance qu'elle sera heureusement utilisée à de très favorables possibilités commerciales. En effet, si, pour la mise en valeur des ressources naturelles du pays, la première question posée fut celle de l'éducation des populations syriennes, il en est autrement au point de vue commercial. L'éducation commerciale des Syriens est toute faite ; ce sont des maîtres en la matière. Depuis des siècles, ces fils des anciens Phéniciens, les premiers marchands du monde, sont réputés comme les plus habiles et les plus entreprenants parmi tous les Orientaux.

Il faut noter en outre, à l'appui de cet avantage, que, dans tous les centres importants, la langue française est parlée couramment, ce qui donne les plus grandes facilités à nos compatriotes. De plus, la parité avec le franc de la monnaie syrienne, émise avec la garantie de l'Etat français et qui permet d'user du chèque au pair sur Paris, est également très appréciable pour le commerce avec la France. D'ailleurs, à ces facilités générales viennent s'ajouter les ressources importantes d'un marché favorable à l'importation comme à l'exportation.

En effet, le pays syrien est d'abord acheteur de tous les produits manufacturés de l'industrie européenne. Par suite de la guerre tous les stocks ont été épuisés et la demande est considérable. Les importations du port de Beyrouth, qui avaient atteint leur maximum en 1910 avec 297 tonnes de marchandises, paraissent devoir être d'après les facultés d'absorption annuelle du pays, élevées ultérieurement jusqu'à 237.000 tonnes, ce qui représente, d'après les prix d'avant-guerre, une valeur minimum de 155.000.000 de francs. En tenant compte de tous les changements qu'à apportés au pays la situation nouvelle, on peut envisager avec M. Gilly, l'auteur du très intéressant opuscule intitulé *la Syrie commerciale et son avenir*, que vient de publier l'Office national du commerce extérieur, qu'il est possible d'escompter pour les ports syriens une importation totale de 500.000 tonnes de marchandises, représentant une valeur approximative de 800 millions de francs.

En particulier, le commerce de Damas, qui répondait à tous les besoins et à toutes les ressources de la Syrie centrale, était estimé en 1914 à un chiffre d'affaires de 40.000.000 de francs, soit 12.000.000 pour les exportations et 28.000.000 pour les importations. Pour Alep, le chiffre était encore plus élevé. Il donnait 20.000.000 pour l'exportation et 30.000.000 pour l'importation.

Parmi les importations en Syrie, les tissus occupent la première place ; les cotonnades représentent d'autre part un tiers environ de l'importation totale. Les lainages et draps français sont très recherchés. Le commerce de la soie est à peu près entièrement entre les mains d'industriels français. Les filés, les cuirs, les produits pharmaceutiques et chimiques, les articles de parfumerie, le café, le sucre, le thé, le riz, les vins et les liqueurs, sont demandés de tous les côtés. La grosse et petite quincaillerie, les matériaux de construction, chaux, ciment, chaux hydraulique, briques, les conserves alimentaires de toutes sortes très recherchées, font à peu près complètement défaut sur le marché. Enfin, la guerre a introduit en Syrie les automobiles qui, avant 1914, y étaient complètement inconnues et qui y sont nombreuses aujourd'hui. Il y a tout à espérer de ce côté pour notre industrie nationale, mais l'importation des voitures est presque exclusivement américaine.

L'exposé des ressources de la Syrie donne déjà une idée de ce que peuvent devenir ses exportations. Elles portent surtout aujourd'hui sur les produits des petites industries existantes, huileries, savonneries, minoteries, soie, tissage, arts indigènes. Mais les récoltes donnent actuellement de très faibles parts disponibles pour l'exportation. C'est la raison principale de la faiblesse du mouvement actuel des exportations du port de Beyrouth, qui ne s'élevaient avant la guerre qu'à 50.000 tonnes de marchandises, valant environ 60.000.000 de francs. Les chiffres principaux composant cette somme sont : 28.000.000 de soie et 10.000.000 de laine. Le reste est à répartir entre les peaux, les huiles d'olive, les noyaux et les pâtes d'abricot, la réglisse et les céréales.

Pour en hâter l'essor, en montrant tout ce qu'on peut attendre du développement du mouvement économique du Levant, le général Gouraud a eu l'idée vraiment louable d'organiser, l'année dernière, la foire de Beyrouth.

Cette foire a été ouverte le 1er avril 1921 et répondait au triple but de développer les relations commerciales entre la France et la Syrie ; de donner une impulsion vigoureuse à l'agriculture, au commerce du pays, et de faire connaître certaines industries indigènes en voie de disparition ; de contribuer au rétablissement du calme dans les esprits, en substituant le souci du développement économique du pays à celui de l'agitation politique, affirmant ainsi de la façon la plus fructueuse les bienfaits de la collaboration française.

La foire comprenait une exposition d'échantillons français, une exposition de produits de l'industrie et de l'agriculture de la Syrie, une exposition agricole, une foire d'échantillons non syriens, un certain nombre d'attractions qui ne manquèrent pas de plaire à la population syrienne. Le succès de cette entreprise heureuse fut des plus complets. Les économistes, industriels et commerçants français firent œuvre patriotique en y contribuant pour leur part.

En somme, les espoirs d'avenir peuvent être envisagés favorablement. Leur exposé se résume ainsi: les facilités commerciales qu'offre le Levant à la France sont les plus grandes. Le Syrien est particulièremnt apte au commerce ; il parle notre langue ; son pays possède une monnaie émise au pair de la nôtre. Le Levant demande à l'importation tous les produits manufacturés, les manufactures, les matériaux que nous devons être en mesure de lui fournir. En échange, il peut devenir capable d'exporter en céréales et en coton à peu près tout ce qui est nécessaire à notre industrie nationale. Les chiffres escomptés par les spécialistes, après la mise en valeur du pays, dont un septième des terres cultivables est seulement exploité à l'heure actuelle, sont les suivants. Pour les céréales : 3.000.000 de tonnes dans la zone actuellement contrôlée ; 5.000.000 de tonnes dans celle que nous n'avons pas encore abordée ; soit au total 8.000.000 de tonnes de céréales disponibles pour l'exportation. Pour le coton, on peut escompter une production de 100.000 tonnes dans la zone occupée, 400.000 tonnes pour la partie de notre zone de mandat, soit au total 500.000 tonnes.

De telles richesses montrent que ce n'est point cette fois le sable et le roc d'un sol stérile que le Coq gaulois devra gratter de ses ergots, bien au contraire. Ce sol, sur lequel vit une population laborieuse, entreprenante et habile en affaires, doit permettre à la France de trouver des avantages en compensation des généreux sacrifices qu'elle n'a pas marchandés pour ses habitants.

Testis

La Cilicie

Terminons ces précieux renseignements sur la valeur économique de la Syrie par une courte notice sur la force productive de la Cilicie qui est un pays de grand avenir. La France s'est imposé de grands sacrifices pour venir en aide à la nation arménienne. Le moment est venu pour celle-ci de reconnaître les services rendus en contribuant à assurer l'expansion économique française.

Les pages qui suivent sont également empruntées à l'étude de Testis *qui a fait preuve d'observateur perspicace et œuvre de grand patriote.*

L'AVENIR DE LA CILICIE.

La richesse agricole de la Cilicie a fait l'admiration de tous ceux qui ont parcouru ce pays de delta, dont la fertilité est légendaire. Les ingénieurs agronomes qui l'ont étudié ont conclu que les deux tiers des terres étaient cultivables. On peut considérer ce pays comme devant devenir un des plus riches du globe.

La Cilicie, bien arrosée, possédant des pluies abondantes et une température d'été correspondant à celle de l'Egypte, peut recevoir toutes les cultures de la rive méridionale de la Méditerranée. Les terres cultivables sont estimées à 2.600.000 hectares, dont 300.000 hectares seulement ont été ensemencés en 1919. La situation troublée du pays au cours de l'année n'a pas permis son exploitation normale. Une partie des récoltes a d'aileurs été perdue.

La possibilité de développer en Cilicie de grandes exploitations de coton avait déjà attiré, avant la guerre, l'attention de toutes les Puissances européennes, et particulièrement celle de l'Allemagne, qui soutenait énergiquement les entreprises de la Deutsche Levantische Baumwolle Gesellschaft. L'exploitation du coton, qui est la richesse de l'avenir, a donné, en 1914, 135.000 balles, représentant 27.000 tonnes. Il est d'un intérêt capital de noter que, d'après l'avis de M. Achard, le spécialiste le plus autorisé qui ait officiellement étudié la région, la production de la Cilicie seule doit pouvoir assurer, dans l'avenir, le poids de coton nécessaire à l'industrie textile française tout entière, exception faite pour celle de l'Alsace.

La production des céréales, qui atteignait, en 1914, 150.000 tonnes, doit pouvoir être portée à 1.800.000 tonnes, comprenant du blé, de l'orge, du maïs, et dont 1.400.000 tonnes resteront disponibles pour l'exportation. Il est inutile de signaler quelle peut être l'importance d'une telle ressource pour le marché français.

Enfin, la valeur du cheptel cilicien n'est pas plus négligeable que celle des forêts, qui couvrent plus de 200.000 hectares et peuvent donner lieu à une importante exploitation.

Le traitement des bois, comme celui du coton, justifiera le développement d'usines locales. Tout n'est d'ailleurs pas à créer de ce côté ; une industrie déjà née compte aujourd'hui quatorze usines d'égrenage pour le coton, des filatures à Adana et à Tarsous, et vingt-trois minoteries, pour l'ensemble du pays. Des scieries mécaniques occupent déjà 8.000 ouvriers.

Ainsi, la Cilicie, dont la population est actuellement estimée à 440.000 habitants, est appelée à un fort bel avenir. Sa capacité productive est des plus favorables à l'ouverture du pays à notre commerce

En ce qui concerne ce dernier, les conditions sont analogues à celles qui ont déjà été notées à propos de la Syrie. Elles comportent : des prix élevés en raison de l'insuffisance des arrivages, des stocks inexistants, des besoins de toutes sortes ; un ravitaillement qui pourrait être directement efectué par la France, en concurrençant les marchés de Constantinople, de Smyrne et d'Alexandrie ; la présence, en Cilicie, de produits d'exportation dont la production doit être augmentée : céréales, coton, laines.

Jusqu'ici, le commerce français n'occupe là qu'une place insignifiante, en dépit de la demande de nos produits. On trouve surtout des cotonnades anglaises, italiennes et espagnoles, des lainages anglais, des articles de quincaillerie allemande, arrivés directement par Trieste et Rotterdam. Le Haut-Commissariat du Levant se préoccupe de mettre l'industrie et le commerce français en mesure de répondre aux demandes qui lui viendront de Cilicie. Il poursuit la création d'organes de renseignements pouvant fixer sur les besoins du marché cilicien et assurer le règlemnt de toutes les questions d'exportation, de transport, de modes de paiement, de droits de douane.

Les approximations faites jusqu'ici permettent de considérer que les importations en Cilicie pourraient arriver par année à une valeur de plus de 100 millions de francs. Le chiffre des exportations, plus difficile à fixer, pourrait aller, avec la mise en valeur du pays, jusqu'à atteindre, pour le coton, 250.000 tonnes, et, pour les céréales, environ 1.400.000 tonnes.

T.

ÉGYPTE

L'Egypte est essentiellement un pays agricole. Sa prospérité est dûe à la culture du coton. Par sa situation géographique elle est appelée à être le grand centre distributeur du Levant.

« L'Egypte est la plus importante contrée du monde », disait Napoléon. Ces mots peuvent s'appliquer encore mieux de nos jours. Rattachée à la Syrie et au vaste Soudan par des réseaux de chemin de fer et par le canal de Suez, l'Egypte est devenue la véritable route de l'Est ; avec la construction de nouvelles voies et le développement de ses lignes ferrées le pays redeviendra brillant et prospère comme aux anciens jours.

L'Egypte, en effet, plongee dans une léthargie centenaire, se réveille maintenant. Bientôt, elle pourra être reliée à la Tripolitaine, à la Syrie, la Palestine, la Mésopotamie et y étendre son activité économique. Il en est de même de l'Arabie.

La récolte du coton en Egypte est à la base de l'évaluation totale de ses exportations. En réalité, toute la population agricole dépend plus ou moins du rendement du coton. Quant à la population non agricole, une grande partie se trouve intéressée dans la manipulation de cette plante. Il n'est donc pas surprenant de voir tous les problèmes sociaux, économiques et même politiques, ainsi que toute la vie du pays dépendre de cette récolte. Le système d'irrigation du pays, le système fiscal, tout est dominé par la production du coton qui non seulement représente la presque totalité des exportations, mais sert aussi à payer la majeure partie des importations. Les qualités particulières de finesse et de solidité du coton égyptien sont reconnues partout ; aussi, l'emploie-t-on de préférence pour la couture, pour la confection des rideaux et pour tous travaux de mercerie.

L'Egypte a connu, durant la guerre et un peu après l'armistice, la période des « vaches grasses ». Le coton y a atteint des prix fantastiques et sans précédent, même en Amérique. Le résultat de cette hausse extraordinaire a été d'assurer la richesse des cultivateurs. Mais aux « vaches grasses » succédèrent les « vaches maigres ». La crise économique mondiale qui a causé la dépréciation de tous les produits, jointe à la fièvre de la spéculation, a provoqué de véritables catastrophes en Egypte.

Le commerce normal de l'Egypte est florissant et prospère ; en dehors du coton et des graines, on spécule sur le sucre, la farine, le riz, l'indigo, le poivre, etc., en un mot sur tous les produits de grande consommation.

Cette spéculation est surtout intense à Alexandrie, centre de toutes les transactions commerciales, qui approvissionne Salonique, Constantinople, Smyrne, Beyrouth.

Les exportations françaises en Egypte sont bien loin d'avoir repris leur place d'avant-guerre. Cependant notre commerce a une tendance à se ressaisir. L'indigène réclame le produit français, mais notre pays ne peut pas livrer régulièrement et nos livraisons, quand elles ont lieu, se font sans date précise d'embarquement, un peu au petit bonheur. Il y aurait donc lieu de remédier à tout cela en apportant à nos envois toute l'exactitude voulue afin de conserver la préférence que l'acheteur local veut bien réserver aux produits français ; l'Egypte demeure, malgré tout, un pays où la culture française garde la prédominence et nos articles y sont toujours très appréciés, notamment les articles de luxe qui y trouvent toujours de larges débouchés. Les demandes portent plus spécialement sur les articles de Paris, articles de ménage, couverts, fers à repasser, ferronnerie, barres métalliques pour ciment armé, verrerie, bonneterie, tissus, etc. Il y a des affaires énormes à enlever en fer, en acier, en tôle, en plomb en cuivre ; les longs délais de livraison sont très préjudiciables.

Le traité de 1902 ayant été dénoncé et le système

de la nation la plus favorisée étant aboli, le gouvernement français retrouve, au point de vue économique, vis-à-vis des autres Etats, sa faculté de négocier et son entière liberté d'action.

Ajoutons, d'autre part, que d'un commun consentement on envisage la possibilité soit du non renouvellement, soit de la dénonciation de l'accord de Londres, du 8 avril 1904. Ce traité, on le sait, concerne le principe de la liberté commerciale de la France en Egypte et de l'Angleterre au Maroc.

IMPORTANCE COMMERCIALE DE L'EGYPTE.

Par sa situation géographique, l'Egypte commande une des plus importantes routes commerciales du monde. De tout temps elle a eu droit de péage sur toutes les marchandises en transit. La découverte du chemin des Indes par le Cap de Bonne Espérance, avait diminué tout d'abord son importance, mais le percement de l'Isthme de Suez n'a pas tardé à rétablir la supériorité de la route européenne entre l'Est et l'Ouest. A côté du grand nombre de navires qui emploient le canal de Suez, il y a les nombreuses communications directes entre Alexandrie et les ports européens. En outre il existe un service spécial entre Suez et Port-Soudan.

ALEXANDRIE.

Alexandrie a une population de plus de 400 mille habitants dont les 3/4 sont des indigènes. Elle est reliée au Caire et aux autres villes de l'Egypte par chemin de fer. Les 90 % environ des importations et des exportations totales du pays passent par cette ville. Le coton brut est le principal produit exporté; le coton manufacturé, les autres textiles, le matériel industriel, le bois, le charbon constituent les principales importations.

PORT SAID.

Port-Saïd, le nouveau port de l'Egypte, construit en 1859, en même temps que le canal de Suez, est la station charbonnière pour tous les navires de passage, mais l'ouverture du chemin de fer du Caire en

1904 a prélevé une partie du trafic de cette ville. Port Saïd a pris un essor considérable en concentrant diverses exportations, sans compter le trafic des transits. La population de cette ville s'élève à 59.000 âmes.

SUEZ

Suez est le troisième port égyptien. Il est situé sur la mer Rouge, à la sortie du canal, et compte une population de 20.000 âmes. Cette ville exporte la gomme, la canne à sucre, les phosphates naturels et les produits pétrolifères. Les phosphates sont extraits à Safay Bay, le manganèse à Bogna et sont exportés par Suez. On en a exporté également du sucre de canne, du zing, du plomb, de la gomme. Les céréales, légumes et farines constituent les plus importants articles d'importation.

KANTARA

Une curieuse conséquence de la guerre est l'importance acquise par Kantara, comme port intérieur. Situé sur le canal, à mi-chemin entre Port-Saïd et Suez, il a servi de base au corps expéditionnaire du général Allenby. Les autres ports de quelque importance sont : Damiette, Rosette, Port-Soudan qui prend tous les ans un développement plus considérable par l'apport des produits de cette région si vaste et si riche.

TRANSPORTS MARITIMES.

Vu l'importance des produits égyptiens et la proximité de ce pays avec l'Europe, les services de navigation ont toujours été maintenus, autant que pouvait se faire, pendant la guerre. Avec la cessation de la guerre, de nombreux navires vont être remis à la disposition du commerce et de nouvelles lignes seront nécessairement créées. L'Angleterre, l'Allemagne, l'Italie, avaient, pour l'Egypte, des lignes régulières qui y faisaient des voyages trois à quatre fois par semaine. La France et l'Autriche pouvaient y faire faire un seul voyage hebdomadaire. Actuellement les compagnies anglaises s'efforcent de remplacer leur tonnage perdu et de reprendre leur service sur une base au moins égale à celle d'avant-guerre. Avec le développement de la Palestine et de la Syrie, la création de nouveaux services est même envisagée.

PRODUITS DU SOL.

De temps immémorial l'Egypte a été un grand producteur de graines ; pendant longtemps il a été considéré comme un des principaux greniers de l'Empire romain. Grâce au Nil, ce pays est un des plus fertiles de l'Afrique. Depuis quelques années, la culture du coton s'est considérablement répandue au détriment de certains autres produits. Actuellement le pays ne produit pas des céréales suffisantes pour sa consommation. Il importe 200.000 tonnes de farine, 31.000 tonnes de riz, 35.000 tonnes de blé et maïs, 29.000 tonnes d'orge par an. C'est avec le produit de la vente du coton que l'Egypte comble son déficit. Le riz, dont les diverses variétés sont excellentes, est exporté en Turquie, en Syrie ; par contre l'Egypte importe du riz de qualité inférieure pour les besoins de la population égyptienne qui s'en contente. Il est question d'étendre cette culture au nord de l'Egypte dès que les travaux d'irrigation le permettront.

RAFFINERIES.

Une des principales branches de l'industire agricole, après le coton et les céréales, est peut-être le sucre. La dernière évaluation donne une production de plus de 100.000 tonnes. Cette industrie avait été délaissée pendant quelques années par suite de la concurrence du marché austro-hongrois, mais la guerre lui a rendu tout son essor. C'est grâce à la Société Française des sucreries d'Egypte que cette branche d'activité a pris une telle importance. Comme conséquence de l'industrie du sucre il y a la fabrication de l'alcool qui suffit aux besoins de la population, à celui des armées d'occupation et des hôpitaux militaires et peut même être exporté en quantités d'une certaine importance. Les raffineries produisent, en outre, de bons articles : du carbonate, du chlorure, du sulfate de potasse, de l'acide phénique. Quant à la paille de la canne à sucre elle est utilisée avec une addition de mélasse, pour la nourriture des chevaux et des mulets.

VOLAILLES, LEGUMES, FRUITS.

Le commerce des volailles est très important ; les poules, les canards, les pigeons sont élevés pour la consommation locale et pour l'exportation. Les œufs sont principalement exportés en Angleterre ; ils sont d'excellente qualité quoique d'un petit volume. Un commerce très profitable est celui de la caille qu'on expédie périodiquement, surtout en Angleterre.

Le marché des légumes et des fruits a pris depuis quelque temps une large extension ; les tomates, les oranges, mandarines, bananes, dattes, melons, citrons, abricots, grenades, figues, etc., sont très abondants en Egypte.

INDUSTRIE.

Dès la plus grande antiquité l'Egypte s'est adonnée à la fabrication des tissus. Cette industrie s'étend un peu partout dans le pays, chaque village ayant pour ainsi dire ses fileurs et ses tisserands. Les étoffes de soie, les lacets, le crêpe de soie noire, les tissus de laine et de coton sont très appréciés par le peuple. Alexandrie possède une filature qui exporte des tissus et du fil principalement en Turquie.

Les plantations de tabac ont existé jusqu'en 1890. Depuis cette époque elles ont été interdites par le gouvernement dans le but d'arrêter l'importation du haschiche, narcotique dangereux qui avait un effet déplorable sur la santé de la population. L'importation du tabac devint alors nécessaire. Par contre, l'Egypte réexpédie ce produit sous forme de cigarettes. Cette industrie largement répandue dans le pays est très lucrative. L'Egypte produit le ricin dont l'huile est très recherchée. Il produit aussi la paille de riz et autres fibres employées pour la fabrication du papier.

BESOINS DU MARCHE.

Le moment est tout à fait opportun pour la vente en Egypte des produits d'importation. Le marché est ouvert dans une proportion illimitée par suite des nouveaux goûts et des besoins introduits par les troupes d'occupation.

Le gouvernement égyptien achète en grande quantité des vêtements, des chaussures, des manteaux, du linge, des draps de lit, des lampes et accessoires, du savon, du combustible, de la quincaillerie, du matériel roulant et des accessoires, de la papeterie de toutes espèces, etc. Des maisons du Caire et d'Alexandrie sont désireuses de développer leur commerce ; des agences sont recherchées pour l'expédition des minéraux, de l'huile, des engrais chimiques, des fournitures générales, des pianos, motocyclettes, du matériel de chemin de fer, de la coutellerie, des objets de cuir, du matériel photographique, des liqueurs, conserves, etc.

En outre, les articles demandés sont : du fil de coton, des étoffes de laine, des draps d'Ecosse et serge, des vêtements de coton et de laine, de la bonneterie, des lacets, des broderies, des velours, du cuir de bonne qualité et du cuir ordinaire, des chaussures, du fer galvanisé, des tôles, des lits en fer et cuivre, de la verrerie, des boissons et des savons ordinaires.

La décision du gouvernement égyptien d'acheter les réseaux téléphoniques du pays offre une belle perspective aux fabricants de matériel et d'appareils téléphoniques.

Actuellement le marché égyptien est en grande partie dépourvu de machines, de toute sorte, pour les besoins de l'agriculture et pour l'outillage électrique ; ces machines sont fournies par l'Angleterre, la Suisse et l'Italie. La France a sa part dans ce commerce ; mais le terrain est très favorable actuellement pour remplacer les produits allemands auxquels les Egyptiens étaient habitués et pour que notre pays occupe en Egypte la place qui lui revient de droit.

La France en Grèce

Le titulaire de l'Agence de Salonique de l'Office Commercial Français du Levant a envoyé à l'Office National du Commerce Extérieur une remarquable étude éconmique sur la Macédoine et le port de Salonique. Après un aperçu géographique sommaire, l'auteur passe en revue, avec beaucoup de précision, les richesses du sol et du sous-sol de la Nouvelle-Grèce : culture, élevage, ressources industrielles, foréstières, minières et hydrauliques. Cette partie de l'étude, qui est accompagnée de quelques tableaux statistiques fort utiles à consulter, est suivie d'un coup d'œil sur la situation actuelle du marché macédonien avec des détails assez précis sur les principaux articles d'importation et d'exportation.

En examinant l'avenir du marché macédonien, le correspondant de l'Office National du Commerce Extérieur est amené à parler de la situation économique de la France en Grèce. Cette situation est en disproportion avec les capitaux français engagés dans le pays et qui dépassent un milliard et demi de francs. Avant la guerre, la France occupait une place prépondérante en Macédoine. Aujourd'hui, le commerce français est loin d'avoir acquis en Grèce l'extension à laquelle il a le droit de prétendre.

L'auteur termine son très intéressant rapport, qui ne comporte pas moins de quatre-vingt-dix pages grand format, par la note optimiste suivante que nous reproduisons en entier :

Les raisons qui peuvent intervenir en faveur de la reprise du marché macédonien par le commerce français sont nombreuses et en première ligne on doit mentionner celles qui proviennent de notre influence séculaire en Macédoine.

Les établissements scolaires français ont de tout temps formé la plus grande partie de la jeunesse aisée de la région, et façonné leur esprit de façon à aimer la France. Notre langue est très répandue et il n'est pas exagéré de dire que toute la correspondance commerciale avec les différents pays étrangers est tenue en français.

D'autre part, la présence des armées françaises en Macedoine pendant la guerre a permis à nos compatriotes de se rendre compte des ressources de la Macédoine en même temps qu'elle resserrait les liens qui existaient déjà entre ce pays et la France.

Enfin, la victoire de la France n'a pas été sans ajouter à notre influence.

A ces raisons d'ordre moral peuvent s'ajouter :

1° L'obligation dans laquelle s'est trouvé le commerce salonicien de travailler pendant la guerre exclusivement avec les pays alliés ou neutres, et la connaissance qu'il a acquise de ce fait du marché français spécialement ;

2° *Le départ pour la France d'un grand nombre de commerçants et financiers israélites saloniciens, qui installés en France, continuent leurs relations d'affaires avec la Macédoine ;*

3° La reprise de la navigation française, qui permettra, par des touchées régulières et plus fréquentes, la livraison rapide des commandes.

En effet, on annonce qu'une convention va être passée entre le gouvernement français et la Compagnie des Messageries Maritims, en vertu de laquelle une ligne postale sera créée pour desservir le Levant. D'autre part, les Messageries Maritimes et la Compagnie Fraissinet associées établiront une ligne commerciale qui doublera cette ligne postale. De leur côté, les Affréteurs Réunis et la Société Navale de l'Ouest envoient de temps en temps des bateaux à Salonique ;

4° La présence de Banques à intérêts français est d'autre part faite pour faciliter les transactions commerciales. Ce sont les Banques : d'Athènes, de Salonique, d'Orient; la Banque Ottomane et la Banque Franco-Serbe ;

5° En dernier lieu, il faut citer la présence de l'Office Commercial Français du Levant, qui est à même de renseigner exactement le commerce français.

Les Sociétés étrangéres en Grèce

Nous croyons utile de donner à nos lecteurs les renseignements qui suivent sur les conditions dans lesquelles peuvent fonctionner en Grèce les Sociétés Anonymes étrangères :

En vertu de la loi hellénique du 20 août 1861, modifiée par la loi du 13 mars 1881, les Sociétés commerciales, industrielles et agricoles siégeant en France peuvent librement étendre leurs opérations en Grèce, tant que les Sociétés grecques jouissent du même droit en France. Par décret royal les dispositions de cette loi s'appliquent aussi à différents autres pays, notamment la Belgique, la Russie, la Grande-Bretagne, l'Autriche, la Hongrie, les Etats-Unis, la Bulgarie, la Suisse, les Pays-Bas. D'autres lois préconisent le même régime en ce qui concerne les sociétés espagnoles, italiennes et allemandes en Grèce et les sociétés grecques en Espagne, en Italie et en Allemagne.

Les sociétés étrangères ayant, en vertu de ce qui précède, le droit de s'établir en Grèce, soumettent à cet effet une demande au Ministère de l'Economie Nationale, accompagnée d'une copie dûment légalisée par les autorités consulaires grecques de la procuration de leur représentant ou agent en Grèce. Cette procuration doit mentionner l'année de la fondation de la Société et les noms et prénoms de ceux qui la représentent légalement devant les tribunaux de leur siège. Tout changement nouveau, à ce sujet, dans l'administration de la Société doit être communiqué immédiatement au Ministère de l'Economie Nationale.

Les Sociétés d'Assurances

Aucune société d'assurances étrangère ne peut s'établir en Grèce sans avoir obtenu au préalable une autorisation à cet effet.

Cette autorisation est accordée par décret royal, sur la demande de la Société, demande qui doit-être accompagnée :

1. D'une copie des statuts et du dernier bilan de la Société, en original et en traduction grecque ;
2. D'un certificat de dépôt auprès de la Banque Nationale de Grèce, d'une garantie de 500 mille drachmes si la Société compte exploiter plusieurs branches d'assurances, et de drachmes 250.000, si elle n'exploitera qu'une seule branche ;
3. Des tarifs des assurances sur la vie appliqués par la Société, avec la statistique des décès, le taux et la prime d'assurance, en original et traduits en grec ;
4. D'un récépissé d'un caissier de l'Etat pour la somme de drachmes 1.000 comme droit d'établissement de la Société, et
5. de la nomination d'un représentant permanent de la Société en Grèce.

Toute Société d'Assurances étrangère établie en Grèce est tenue :

1. De rédiger ses polices d'assurances en grec ;
2. De verser les indemnités en Grèce ;
3. De se soumettre à la juridiction des tribunaux grecs ;
4. De tenir sa comptabilité dans la langue du pays ;
5. De soumettre au Ministère de l'Economie Nationale, dans les deux mois qui suivront la publication de son bilan, son bilan annuel général et son bilan particulier pour ses opérations en Grèce.

Tarif douanier grèc

Pour répondre au désir exprimé par un grand nombre de commerçants hellènes ou qui ont des relations d'affaires avec la Grèce, nous nous proposions de publier le tarif douanier appliqué en Grèce aux articles importés de l'étranger. La Chambre de Commerce de Salonique n'a pas pu nous fournir à temps les renseignements que nous lui avons fait demander. Et cela, non pas par mauvaise volonté, mais parce qu'elle se trouvait elle-même dans l'impossibilité de savoir à quoi s'en tenir. Le gouvernement hellénique a fait élaborer un nouveau tarif douanier adapté aux nécessités de l'heure. Ce même tarif est susceptible de remaniements qui seront dictés par les circonstances.

Néanmoins, les tissus manufacturés de coton, de laine et de soie, constituant une des branches les plus actives du commerce d'importation, nous avons prié un agent douanier de nos amis de nous procurer les tarifs douaniers concernant les dits articles et qui ont été mis en vigueur tout récemment. Nous sommes heureux de pouvoir reproduire ci-après les renseignements qui nous sont parvenus à la toute dernière heure.

Au cours de notre prochain voyage dans les pays du Levant, nous nous promettons de nous documenter directement sur la matière et d'étendre nos investigations à toutes les autres branches des importations qui intéressent le commerce en général. De cette façon, l'édition 1923 du *Guide Sam* contiendra en entier non seulement le tarif douanier appliqué en Grèce, mais encore les tarifs similaires employés dans tous les pays du Levant que nous voulons atteindre. Dès aujourd'hui nous prévenons tous les commerçants que nous serons heureux d'accueillir toutes les suggestions qu'ils auraient à nous faire et qui seraient de nature à rendre le *Guide Sam* plus complet et partant plus utile.

TARIFS DOUANIERS APPLIQUÉS EN GRÈCE aux Articles manufacturés

DROITS ACQUITTÉS par OCKE (une ocke = 1289 grammes)	Tarif Conventionnel		Tarif général	
	Ancien	Nouveau	Ancien	Nouveau
I. COTONNADES				
Toile américaine cabot	0.70	1.75	1.16	2. »
Madapolan	1. »	2.50	2.90	5. »
Tissus imprimés (Basma)	1.20	3. »	4.35	7.50
Toile dite sancouli	2.523	4.35	—	—
Toile doublure	1. »	2.50	4.35	7.50
Batiste, gaze, mousseline, grenadine, tulle, dentelles	2. »	3.625	8.70	15. »
Lingerie (parure, pantalon chemise, etc,)	3. »	7.50	8.70	15. »
Velours, cretonne, satin, piqué	2. »	5. »	4.35	7.50
Tulle pour rideaux	3. «	5.175	7.25	12.50
Confection pour hommes et enfants 50 0,0 du prix				
Robes pour femmes	21.75	37.50	36.25	62.50
II. LAINAGES				
Tissus pesant jusqu'à 150 gram. le m2	14. »	24.15	23.20	40. »
» » de 151 à 300 » »	8.70	15. »	14.50	25. »
» » » 301 à 500 » »	5.80	10. »	10.15	17.55
» » » 501 à 750 « »	4. »	7. 9	8.70	15. »
» » au-dessus de 751 » »	2.90	5. »	4.35	7.50
Tissus mélangé pesant jusqu'à 200 gr.	2. »	5. 5	5.80	10. »
» » » de 201 à 450 »	1.30	3.2	3.625	6.25
Costume homme et enfant... d'été	15.95	27.50	17.40	30. »
» » » . d'hiver	11.60	20. »	13.05	22.50
Robe pour femme	21.75	37.50	36.25	62.50
III. SOIERIES				
Fichus, voiles, tulle, crêpe, gaze	40. »	100. »	232. »	400. »
Cravates, écharpes, etc., etc.	58. »	100. »	—	—
Velours de soie ou peluche	30. »	75. »	87. »	150. »
Tissus de soie	30. »	75. »	—	—
Tissus de soie mélangé e	17.40	30	—	-
Soie écrue	26.10	45. »	—	—
Couvertures, tapis, bordûres	11,60	20. »	—	—
Costumes pour homme ou femme selon le tissu, 50 0[0 du prix				

www.ingramcontent.com/pod-product-compliance
Lightning Source LLC
LaVergne TN
LVHW011951220826
846092LV00001B/149

* 9 7 8 2 3 2 9 7 6 2 5 2 4 *